악당은 아니지만 지구정복

안시내 지음

악당은 아니지만 지구정복

초판 1쇄 발행 2015년 4월 2일
초판 10쇄 발행 2017년 11월 22일
개정판 1쇄 발행 2020년 3월 25일

지은이 · 안시내
발행인 · 안유석
편집장 · 박경화
책임편집 · 서정욱
디자인 · 안자은
펴낸곳 · 처음북스　출판등록 · 2011년 1월 12일 제 2011-000009호
주소 · 서울특별시 강남구 강남대로 364 미왕빌딩 14층
전화 · 070-7018-8812　팩스 · 02-6280-3032
이메일 · cheombooks@cheom.net
홈페이지 · www.cheombooks.net
페이스북 · www.facebook.com/cheombooks
ISBN · 979-11-7022-198-2　03980

악당은 아니지만 지구정복

350만 원 들고 떠난 141일간의 고군분투 여행기

안시내 지음

○ 5년 전, 그리고 현재의 시간을 담아 새롭게 개정판을 내며

스물일곱 살의 여행작가 안시내, 그리고 스물두 살의 여행자 안시내

내 인생을 바꾼 이 책을 들여보다 보면 묘한 감정에 빠져든다.

얼기설기 얽힌 글들과
흔들리고 초점이 나간 사진들,
당신들이 지어준 미소.
수많은 감정들이 스쳐 지나갔다.
어색하고 풋풋한 순간들.

개정판 원고를 쓰기 전에는 많은 것들을 고치고 싶었지만, 그냥 그대로 두고 내용만 추가하기로 마음을 바꿨다. 서툴렀던 내 여행처럼 책 역시 투박하게 남아 있기를 바라기 때문이다.

처음 책 계약을 하러 가던 순간이 떠오른다. 여행에서 돌아온 때를 다 벗지 못한 나는 떨리는 마음으로 작은 출판사를 찾았다. 생각과는 다르게 직원이 한 명뿐인 작은 출판사였지만, 계약서에 날인을 하는 순간까지도 손의 떨림은 멎지 않았다. 내 이야기를 책으로 풀어내는 일이 내 인생에서 절대 일어나지 않을 일이라고 생각했기 때문이다.

베스트셀러 매대에 올라간 덕에 잃어버린 오빠를 찾고, 잃어버렸던 꿈을 찾고, 또 누군가의 꿈과 위안이 되었다. 아직도 실감이 나지 않는다.

종종 마음이 아픈 날이면 나는 꿈에서 이 책을 내기 전의 나와 마주한다. 가엾고, 여리고, 강한 그 아이를 꼭 안아주며, 괜찮다고, 잘 헤쳐 나갈 거라고, 나의 어린 인생을 위로한다.

치열했던 여행과 삶 속에서 그래도 여전히 내가 애달파하는 건, 스물두 살의 안시내이다.

내 인생의 마지막 여행이자 행복이라고 생각했던 스물두 살, 가장 순수했던 여행자 시절을 이 개정본을 통해 되돌려본다.

적은 돈, 작은 키, 여린 마음과 철없이 맑은 모습.

사소한 행동과 그 글에서 묻어나는 어린 나를 한 발짝 떨어져 바라본다.

다시 이런 여행을 할 수 있겠냐고 물어본다면 나는 자신 있게 대답하지 못할 것이다.

처음이기에 특별했고, 소중했던 나의 지난날을 돌이켜 보며,

나는 다시금 스물두 살의 여행자를 꿈꾸어본다.

2020년 2월 안시내

CONTENTS

○ PROLOGUE

초등학생 시절까지 나는 꽤나 유복하게 자랐다. 주변에는 항상 친구가 많았다. 좋은 학업 성적, 6년 내내 도맡은 학급 임원, 선생님도 친구들도 모두 나를 예뻐했다. 비록 엄마 혼자 나를 키웠지만 모두에게 사랑을 받아 구김살이 하나도 묻어 나오지 않을 만큼 그렇게 자랐다. 아니, 그 시절의 나는 너무도 어려서 티끌만큼도 구겨지지 않았었다. 김해에서 내가 살던 동네는 작은 동네라 그런지 서로의 사정을 속속들이 알고 있었다. 친구들이 종종 너는 왜 아빠가 없냐고 물었지만 개의치 않았다. 그냥 나는 원래부터 없었어, 하고 대충 얼버무리며 넘기곤 했다. 그래도 누구보다도 멋진 엄마와 나를 사랑해주는 오빠가 있었기 때문에 가족과 함께하는 내 삶은 충만했다.

그렇게 쭉 행복할 줄 알았던 상황은 점차 뒤바뀌었다.

집은 점점 어려워졌다. 처음 입학한 중학교에 새 교복이 아닌 동네 언니의 교복을 물려받아 몸보다 한 뼘은 큰 교복을 입고 등교했다. 낡은 교복을 입고 첫 등교를 한 날, 학교에서 처음 보는 친구가 나에게 말을 걸었다. “안녕, 네가 시내야? 너 아빠가 안 계시다며? 불쌍하다.” 그날 이후로 나는 진짜 불쌍한 아이가 되었다. 내가 가지고 있지 않은 아빠란 존재는 어느새 나에게 아픈 손가락이 되어 있었다. 낡은 교복이 갑자기 부끄러워졌다. 나는 잔뜩 구겨지고 말았다.

지방에서 중학교를 채 마치지 못하고 떠나와 서울에서 학창 시절을 보내기 시작했다. 좁은 지방과 달리 서울에는 나와, 내 가정사를 아는 사람이 아무도 없었다. 오빠는 나가서 살았기 때문에 나는 1층에 미용실이 있는 대흥동의 좁은 월세방에서 엄마와 단둘이 살았다. 왠지 모르지만 그 집은 열네 살 소녀인 내 마음에 쏙 들었다. 예전 집은 커서 혼자 있으면 무서웠지만 지금 집은 작아서 좋다고, 동화 속에 나오는 작은 집 같다며 엄마에게 기쁘다고 말했다. 학교가 끝나면 친구들을 잔뜩 몰고 와서 놀고는 했는데, 그러면 집이 꽉 찼다. 엄마는 홀몸으로 열심히 일했고 점점 다시 집은 살 만해지는 듯했다. 나는 다시 초등학생 시절 밝은 나로 돌아간 듯 살아나갔다. 그 어떤 힘든 일이 있어도 절대로 내색하지 않았다. 열네 살의 나는 다시 어린 시절의 나로 살아가기로 결심했다. 아픈 손가락 위로 가짜 손가락을 덧대었다. 사랑받고 자라는 행복한 아이로, 나만의 페르소나를 만들어냈다. 내가 만들어낸 내 모습을 사람들은 사랑해주었다. 살짝의 거짓말은 내 자존심을 건드리지 않았다.

'바보같이 행복한 아이.' 언제나 나를 따라다니던 수식어였다. 그 작은 한마디를 지키려고 8년 지기 친구에게까지 내 이야기를 안 했을 정도로 내 가슴은 문드러져 있었지만, 겉으로 보이는 내 모습은 반짝반짝 빛나던 어린 시절 그 자체였다. 남을 항상 즐겁게 해주는 내 모습 때문에 내 주변에는 항상 많은 사람들이 있었다. 내가 만든

가면을 쓰고 있으면 나는 조금도 아프거나 슬프지 않았다. 내 가슴 속 이야기를 나는 그 누구에게도 들려주지 않았다. 그래서 내가 만들어낸 나는 가난하지 않았고 아프지 않았다.

고등학생 시절에는 학교 밖을 나서면 교과서 대신 책을 읽고는 했다. 조금은 방황하던 학창 시절에 내 취미는 양천 도서관 가기였고, 친구들은 항상 칠렐레팔렐레한 내 모습과 책을 읽는 모습이 어울리지 않는다고 놀려댔다. 나는 특히 여행서를 좋아했다. 한 권을 읽으면 그 나라를 여행하는 기분이 들었다. 책을 읽고, 다큐를 보고, <김종욱 찾기>란 영화를 보고, 그렇게 나는 작으나마 여행에 대한 꿈을 품었다. 가장 아름답고 빛나는 시절에 여행을 하겠다고, 비록 힘들고 지치는 삶을 살지라도 내 인생에서 가장 예쁜 나이에 1년만큼은 내가 하고 싶은 것을 하며 살겠다고.

고3이 되더니 내 유일한 버팀목이던 어머니가 암에 걸렸다. 우리는 다시 이사를 갔다. 나는 이제 친구들을 집에 초대하지 않았다.

스무 살이 되고도 똑같았다. 집이 부끄러워졌고, 학비가 싼 대학교에 가도 통장에 돈은 늘 없었다. 나는 집 앞 카페와 피시방에서 아르바이트를 하고, 베이비 시터까지 하며 악착같이 살았다. 그 몸이 남아나지 않을 것 같았지만 알바와 공부, 친구 관계를 모두 병행했다. 겉으로 보이는 나는 여전히 빛나는 시내였다. 나는 그 모습이 싫지 않았다. 여전히 집에 친구들을 초대하지는 않았다.

스물한 살, 내 인생에 1년만큼은 하고 싶은 것을 하며 살 거라던 나는 휴학을 했다.

주중에는 은행에서 계약직으로, 다섯 시에 은행이 끝나면 집 앞 카페에 다섯 시 반까지 간신히 도착해 열 시가 넘을 때까지 아르바이트를 했다. 사장님 없이 혼자 일하는 아주 작은 카페였는데, 열심히 한 덕분인지 매출이 2배, 3배 그리고 4배까지 늘었다. 그래서 항상 열두 시가 넘을 때까지 일했다. 은행에서 점심시간에 밥을 씹다가 잠에 든 적도 있었다. 은행 언니들은 그런 나를 다독여주었다. 주말에는 여전히 베이비 시터를 했다. 아이들은 점점 머리가 커갔고 내 몸은 너무나 힘들었지만, 여행을 떠날 거라는 그 마음 하나 덕분에 정말로 하나도 힘들게 느껴지지 않았다.

그런데 정말 영화처럼 또 어머니의 암이 재발했다. 수술은 성공적이었고 몸도 회복되셨지만 우리 집 형편은 한층 어려워졌다. 악착같이 모은 돈이었지만 집에 돈을 줄 수밖에 없었다. 순조롭게 경비를 모으던 내 수중엔 어느새 350만 원이라는 적은 돈만 남았을 뿐이었다. 그래도 포기하지 않았다. 포기하면 악착같이 버텨온 내 스물한 살과 반짝반짝 빛나는 가면이 낡아 부서져서 이제 더 이상 제 기능을 못할 것 같았다.

어떻게든 오래 버텨보자. 지금 나갔다 돌아오면 정말 다시는 떠날 수 없는 상황에 처하게 될 지도 모른다는 생각이 들었다.

그러나 여행은 환호와 탄성으로 이루어진 것이 아니었다. 여행은 삶보다 더 진한 삶이었으며, 인내였으며, 열악한 비포장도로였다.

여행은 힘들고, 나는 지쳤다. 그러나 참 이상했다. 여행 중에서의 나는 한국에서의 나와 달랐다. 어느새 더 이상 나를 숨기려 하지 않았다. 언제부터였는지 모르겠다. 내가 만난 세상에서 나는 너무나 여리지만 단단하고 당당하며 또 가슴 따뜻했다. 마주한 다른 나라 속에서 나는 뜨거운 가슴으로 세상을 안을 수 있었다. 세상에 가장 불쌍하던 나는 더 이상 불쌍하지 않았다. 내가 불쌍하다고 생각했던 내 모습 중 어떤 것은 이곳 사람들에게는 아무런 문제가 아니었다. 행복과 나 자신에 대해 계속해서 곱씹으며 보냈다.

혼자 하는 여행이란 그랬다. 발가벗은 나를, 그렇게 숨기려 했던 나를 치열하게 사랑해가는 과정이었으며, 모난 네모가 점점 세상에 부딪히며 둥글게 깎여가는 과정이었다. 여행에서 만난 진짜 인생은

DEPARTURE

INDIA

•

MOROCCO

•

EUROPE

•

EGYPT

•

RETURN

○ 12만 원으로 세상을 향해 첫발을 떼다

막상 가겠다고 마음먹었건만 계획을 짜며 여행경비를 계산해보니 생각보다 더 많은 비용이 들었다. 하지만 분명 나만의 여행을 만든다면, 다른 방법이 있을 거란 생각에 처음부터 다시 시작하기로 했다.

이미 간다고 호언장담한 상태인데 여기서부터 포기할 수는 없다. 태어나서 처음 가져본 막연한 꿈을 이루고자, 처음으로 나는 무언가에 나를 내던져보기로 결심했다. 열여덟 살 때부터 정보를 얻고 조언을 구하던 여행 커뮤니티에 매일같이 글을 올리고, 일하는 중에 틈틈이 루트를 짜고, 아르바이트가 없는 저녁이면 서점으로 가서 폐점 시간이 될 때까지 자리를 깔고 여행책을 보았다. 펜과 노트를 들고 중요하다 싶은 정보는 메모했다. 매일매일 저가 항공 사이트를 들어가서 저렴한 비행기표를 확인했다. 그러다 프로모션이 뜨자마자 바로 표를 샀다. 인천에서 말레이시아 쿠알라룸프르Kuala Lumpur행 비행깃값이 12만 원, 말레이시아에서 인도 코치Kochi행 비행깃값이 7만 원. 내가 처음으로 구매한 비행기표였다. 이렇게 저렴한 표를 잘 산다면 어쩌면 생각보다 길게 여행을 할 수 있을 거라는 생각이 들었다. 일이 일찍 끝난 밤에는 항상 여러 나라의 다큐멘

터리를 보며 잠이 들었다. 가끔은 여행 강연을 들으러 가기도 하고, 주변에 여행 작가가 있다거나 세계 여행을 한 사람이 있다면 무작정 들이대고 봤다.

'안녕하세요, 작가님. 저는 세계여행을 떠날 학생인데요. 여행 준비 중 조언을 받고 싶어서 메일 드립니다. 정말 겁나기도 해서 조언을 얻고자 이렇게 연락드려요….' 연락처나 메일 주소를 알아내서 이렇게 간절하게 요청하면 몇 명은 친절하게 답을 보내줬다. 이렇게까지 해야 하느냐 싶겠지만 아무것도 모르는 겁쟁이 스물한 살 여대생인 나는 여행에 조금이라도 도움이 될 수 있다면 무엇이든 하겠다는 심정이었다. 주변에 여행자가 있다는 소식이 들리면 부탁에 부탁을 해서 조언을 구했다.

그렇게 나는 내 멘토를 만났다. 카우치 서핑과 카풀로만 여행을 했다는 대진 오빠. 6개월간 600만 원으로 수십 개국을 여행한 그에게서, 단지 저렴한 여행이 아닌 카우치 서핑으로 사람과 소통하는 진짜 여행에 대해 알 수 있었다. 심지어 그간의 모든 일정과 가계부까지 건네받았다.

이렇게 한 명 두 명 경험자들의 이야기와 조언을 들으니 불투명한 것 같았던 여행이 점점 구체화되었고, 힘이 솟는 듯했다.

출국일은 3월 6일로 정했다. 예방접종 주사를 맞고, 여행자 보험을 들고, 중고 물품 사이트에서 2만 원 주고 산 내 몸집만 한 배낭에 짐을 싸고 넣는 연습을 하며, 출국일을 맞이했다.

○ 말레이시아

공항에서부터 나는 잔뜩 들떠 있었다. 물도 안 주는 저가 항공이었지만 그래도 행복해서 승무원 언니에게 미소를 보냈다. 고작 며칠 머물다 가는 말레이시아였지만 여행의 첫 도착지였기에 설레지 않을 수 없었다. 첫 나라, 첫 도시라 숙소도 미리 예약해 놓았다. 마음이 든든했다.

세상은 그저 아름다웠고, 다가올 고생 따위는 생각도 하지 않았다.

추웠던 한국과는 사뭇 다른 날씨, 그리고 미소 지어주는 사람들 덕에 배낭이 하나도 무겁지 않았다. 다가올 인도는 아직까지 무서웠지만, 한국과 내가 좋아하는 태국과 비슷한 말레이시아는 그저 행복하기만 한 곳이었다. 쉬엄쉬엄 여행을 하기로 했다. 여느 관광객처럼 관광지를 가고 번잡스러운 야시장에 나가 맛있는 음식을 먹고, 한류를 좋아하는 친구들과 맥도날드에서 친구가 되기도 하고, 무엇보다 게스트 하우스의 인도인 주인과 인도 이야기를 실컷 나누면서 며칠을 보냈다. 그렇게 여행은 천천히 시작되고 있었다.

얼마나 신났는지 모르겠다. 들뜬 마음에 길에서 춤을 추고 또 춤을 췄다.

내가 그려나갈 앞으로의 여행들이 벌써 눈앞에 펼쳐지는 듯했다.

구름 위에 붕 떠 있는 기분이었다.

정녕 내가 나와 있다는 사실이 아직까지 믿기지 않을 정도였다.

나만의 가이드북 만들기

여러 나라를 여행하면서 차마 무거운 배낭을 들고서 모든 가이드북을 들고 다닐 수는 없습니다! 가이드북 PDF 파일을 구해서 가지고 다니는 방법이 가장 좋긴 하지만, 여의치 못할 경우 노트와 펜만으로 '나만의 가이드북'을 만듭니다.

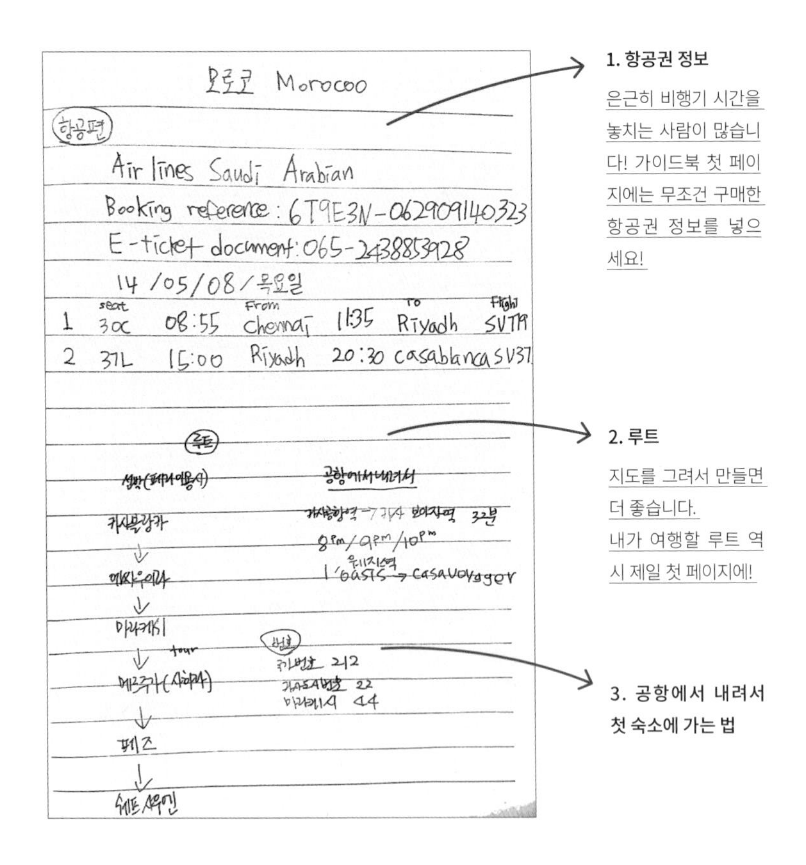

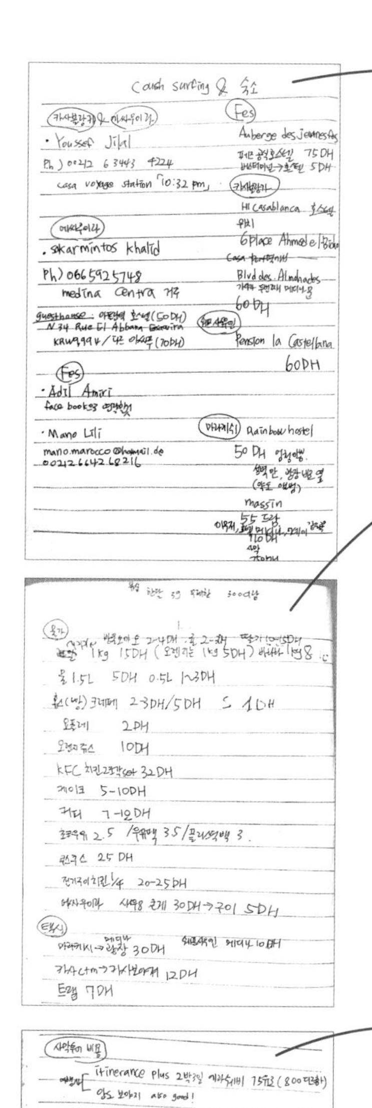

4. 도시별 숙소 정보

직접 가 흥정해서 숙소를 구하는 여행자일지라도 비상 상황을 대비해 도시별로 한두 군데씩은 비상용 숙소 정보를 기록하세요.
숙소 이름, 가격, 특징, 가는 법 정도면 OK!

5. 물가

열심히 정보 검색을 해서 시장에서 파는 물건 가격까지 적는다면 더할 나위 없겠죠. 바가지를 쓰지 않기 위해서라면 물가 정보는 필수! 택시비 등 사기당하기 쉬운 항목은 체크하는 게 필수입니다. 그리고 현지인을 만나면 이게 맞는 가격인지 꼭 물어보세요!

투어를 할 경우 투어 비용도 꼭 적길 바랍니다! 그리고 무조건 그것보다 싸게 흥정을 시도해보세요!

모로코 언어
For Cuisine
닭 Pollet [illegible]
생선 Poisson [illegible]
고기 viande LAHM
치즈 fromage
새우 crevette
1 와헤드 2 쥬즈 3 telata
5 캄사 4 Arbaá
7 스바아
10 아슈라
12 트나슈
20 아슈린 30 틀라틴 40 아르바인
100 미야
150 미야캄신
50 캄신 60 시틴 70 사벤
80 타마닌 200 미아탄
Stupid → Habil
Crazy → M'SATTI
인사 : 살람 알리쿰
Good bye 브슬래마
Whats your name? 쉬누 스미떽?
my name is Stree 스티미 시니
~~어디에서 왔어요? 쉬누 [illegible]~~
How much is it? 브 쉘?
expensive 갈리
too much 브리프
enough 바라카
깎아주세요 낙까스 슈위야
please 아페크 AFAK
Done 사피 SAFI
Ok/NO 와하/라 WAKHA/LA
Thank you 슈크란
내일 봐요 훗따 [illegible]/[illegible]
You 은타
I 아나
They 욘두마
Give me 아떼니
Lets go [illegible]

6. 기본 회화

어느 나라든 영어가 통하는 것은 사실이지만 본국의 언어를 쓰는 여행객을 보면 더 반가울 수밖에 없습니다. 욕 한두 개쯤 알아가서 사기꾼들한테 써먹으세요. 현지인을 만나면 틀린 것은 물어보고 수정하기 바랍니다!

Fez
모로코 [illegible]
[illegible] Fountain ville nouvelle
~~Medersa Bou Inania~~
~~[illegible]~~
• Butha Museum Dh 10 (가까움)
19세기 예술 공간 8:30-12 2:30-6 화요일 휴무
모로코 기술 [illegible]
• Chaouwara Tanneria
테너리
• Borj Nord
뷰포인트 search → 보리 노르드
• Merenid Tombs
[illegible]
무덤 . [illegible]
지도 테너리
[illegible]

7. 뷰 포인트 & 꼭 가야 할 곳

도시별 꼭 가야 할 곳, 가고 싶은 곳을 미리 적어놓으세요!
뭘 해야 할지 몰라 멍하니 있는 상황을 피할 수 있습니다.

어때요? 참 쉽죠?

이 외에도 대사관 정보, 나라별 사기 유형, 문화와 종교 등을 정리해가면 더 알찬 여행을 할 수 있답니다.

DEPARTURE

INDIA

MOROCCO

•

EUROPE

•

EGYPT

•

RETURN

○ 반짝반짝 작은 별

꿈만 갈던 말레이시아를 떠나 인도로 가는 비행기를 타려니 발이 떨어지지 않았다. 태어나자마자 세상에 버려진 갓난아이가 되어버린 듯했다. 눈물이 왈칵 쏟아짐과 동시에 공항 바닥에 주저앉아 엉엉 울었다. 어쩌면 태어나서 처음 맛보게 될 고독과 외로움에 대한 두려움이 커짐에 따라 설렘은 깊은 밑바닥으로 잠식한 지 오래였다. 정신없이 공항 검색대를 통과하려니 갑자기 귀를 찢을 듯한 경보음이 울렸다. 순식간에 모든 직원들이 몰려와 나를 둘러쌌다. 겁이 나서 눈물을 멈출 수 없었다. 그들은 내 몸을 뒤지더니 머리에 엉켜 있는 헤어롤까지 하나하나 풀어보았다. 오자마자 테러범으로 의심받다니. 헤어롤이 바닥에 떨어짐과 동시에 여행에 대한 자신감도 바닥으로 떨어지는 것 같았다. 범인은 두꺼운 후드 속 팔에 돌돌 감고 있던 와이어 자물쇠였다. 공항 직원들의 웃음소리가 전해주는 안도감에 또 한 번 눈물이 터졌다. 공항 직원들이 나를 달래주는 아이러니한 상황 속에 나는 겨우 울음을 멈추고는 복잡한 마음을 품은 채 인도행 비행기에 올랐다.

낯선 말, 진한 피부, 커다란 눈으로 나를 뚫어져라 바라보는 부담스러운 눈빛, 기내에 떠도는 특유의 시큼한 냄새… 낯섦이 잔뜩 굳은 내 마음을 달아오르게 했다. 옆자리에 불편한 자세로 자는 아저씨에게 베개를 건네주고 선잠에 빠졌다. 이놈의 오지랖은 낯선 곳에서도 여전하다. 도착시간은 밤 열 시.

지상에서 보는 인도는 어둠을 먹은 습자지처럼 새까맸다. 내가 도착한 도시는 남인도 깨랄라Kerala주의 코치Kochi.

여행자에게 알려지지 않은 도시이기에 여행자는 나밖에 없는 듯했다. 쏟아지는 시선을 뚫고 공항 한복판에 자리를 잡았다. 오늘의 숙소는 공항이었다. 앞으로 하게 될 수많은 노숙의 시초였다. 혹시나 누가 가져갈까 봐 가방을 꼭 끌어안고. 맑은 눈의 인도 아이들은 어쩌면 처음 보는 외국인이 신기했는지 뚫어져라 쳐다보고 때로 만지기도 했다.

뜬눈으로 밤을 새우고 나오는 이른 새벽, 예약한 숙소조차 없었다. 이제부터 모든 것을 혼자서 해결해야 한다고 생각하니 눈앞이 깜깜했다. 몸뚱이만 한 배낭을 멘 채 어리둥절한 표정으로 버스에서 내리자 남인도 겨울의 따가운 햇살과 조롱 가득한 눈망울로 나를 보는 호객꾼들이 나를 반겼다. 단단히 마음먹었다. 이놈들은 전부 사기꾼이야!

“방도 크고 와이파이도 돼! 600루피! 정말 싸지? 얼른 내 뒤에 타!”

“여기는 남인도라 숙소가 다 1000루피가 넘어. 하지만 넌 예쁘니까 내가 특별히 800루피에 해주지!”

정신없이 들리는 말소리를 애써 외면한 채, 요긴한 말이라고 배운

'짤로 짤로(저리 가버려!)'를 외치며 뒤돌았다. 인도에 가기 전 얼마나 수없이 들었던가, 나에게 말을 거는 사람들은 전부 나쁜 사람들이라고. 뒤를 돌아 숙소를 구하러 다니니 정말 막막했다. 따가운 날씨 탓인지 물어볼 만한 다른 여행객은 보이지 않았고 더 이상 호객을 하는 사람마저 없었다. 오로지 물길을 헤치고 다니는 어부만이 자신들이 할 일을 열심히 하고 있을 뿐이다. 십수 개의 방을 들락날락 했지만 내가 원하는, 값이 싸고 와이파이가 되며 벌레가 없는 숙소는 찾을 수 없었다. 그렇게 몇 시간이 지나고 해가 중천에 떠오를 때쯤 모든 것을 체념하고 결국 눈에 보이는 숙소에 들어가기로 결심했다. 벌레가 나와도, 와이파이가 없어도 찌는 더위에 지친 나에게는 천국일 것 같았다.

염소 떼를 지나쳐 들어간 어느 작은 숙소. 인기척이 없어 문을 살짝 열어보니 주인아저씨가 부푼 배를 내민 채 자고 있었다. 배는 인덕이라고 하지 않았나. 분명 좋은 아저씨일 거라는 작은 희망을 품고서 아저씨를 깨우지 않기 위해 조심스레 아저씨 곁에 앉았다. 내가 앉음과 동시에 아저씨는 눈을 떴다.

"300루피(5000원), 그 이상은 안 돼요! 저 진짜 돈 없단 말이에요."

아저씨는 땀에 전 내 행색을 보더니 그의 배만큼 커다란 웃음을 지으며 흔쾌히 300루피에 머물라고 했다. 자신의 딸과 동갑인 나를 그는 딸이라 불렀고, 나 역시 그를 파파라 불렀다. 파파는 저녁

만 되면 동네 주민들과 같은 숙소에 머무는 히피족 언니들을 불러 노래를 불렀다.

"한국이란 나라에서 눈이 엄청나게 작은 딸이 왔어! 하지만 반짝 반짝 빛나는 눈을 가지고 있지."

"파파! 내 눈은 작지 않다니까! 한국에서는 나보고 모두 눈이 크다고 한단 말이야!"

숙소 마당에 불이 켜질 때쯤이면 언제나 노래가 울려 퍼지곤 했다.

"Twinkle twinkle little star, how I wonder what you are."

○ No problem, 독수리 삼 형제

"파파, 나 여기서 뭘 해야 할지 모르겠어. 너무 더워서 돌아다니기도 힘들어."

"그러면 인도 영화를 보는 건 어때? 여기서 가까운 곳에 큰 영화관이 있어."

"얼마나 걸리는데?"

"음, 빠르면 두 시간?"

세상에나, 두 시간이 가까운 거리라니. 내가 머무는 지역인 깨랄라가 한국 땅덩어리만 한데 두 시간 정도면 꽤나 가까운 거리라고 생각할 수도 있겠다 싶어 일단은 길을 나섰다. 한 방에 가는 에어컨 버스를 타면 90루피(약 1500원), 그리고 걸어서 페리를 타고 로컬 버스를 타고 가면 조금 번거롭고 시간이 더 걸리긴 해도 단돈 9루피였다. 버스 가격이 100원도 안 하다니. 돈 없는 나에게는 선택의 여지가 없었다. 길은 모르지만 어떻게든 되겠지. 어차피 가진 것은 시간뿐이니까. 선착장까지 걸어가서 페리를 타고 강을 건너 도심 지역으로 온 다음 거기서 또 버스를 타고 한 시간 정도를 더 가야 했다. 무슨 버스를 타야 하는지 모르기에 지나가는 모든 사람을 붙잡고 "루루몰! 버스!" "아원투고 루루몰! 바이 버스!" 손짓 발짓을 해가며 몇 명의 사람들에게 물어보았으나 모두 다른 답을 해줬다. 미아가 되나 싶어 울상을 짓자 껄렁해 보이는 청년 셋이 나에게 다가왔다. 특유의 인도 영어 발음을 써가며 말했다.

"두유원뚜고 루루몰? 아노아노. 빨로우미. 위 얼쏘 꼬잉투더 루루몰."

낄낄거리는 모습이 신뢰가 가지 않았지만 선택의 여지가 없었기에 그들을 따라 낡은 주황색 버스를 탔다. 나를 보고 미소를 짓는 모습이 기분 나빠 버스에 타자마자 한 아주머니 옆에 자리를 잡은 채로 그들을 외면했다. 뒤돌아볼 때마다 나를 보며 웃는 것이 딱 봐도 나쁜 사람이라는 느낌이 들었다. 아주머니에게 어김없이 루루몰을 외친 후 나도 모르게 선잠에 들었다. 덜컹거리는 버스는 선풍기조차 없어 시큼한 땀 냄새에 코가 아플 지경이었지만 엉덩이만 붙이면 잠드는 습관은 인도에서도 빛을 발했나 보다.

소란스러운 소리에 절로 눈이 떠졌다. 내 옆에 서 있는 아저씨와 껄렁한 청년 셋이 무언가 다투고 있었다. 영문을 모르는 나는 주변 사람들에게 물어봤지만 모두들 웃으며 'No problem'이라고 외쳤다. 문제가 없다고 하기에는 상황이 점점 심각해져 갔다. 청년들은 아저씨에게 점점 언성을 높였고, 아저씨 역시 큰소리로 그들에게 무어라 항변했다. 급기야 버스 안의 모든 사람들이 아저씨에게 손가락질을 하며 큰소리로 외쳤다. 한술 더 떠 세 청년은 달리는 버스에서 씩씩

거리며 다가와 아저씨의 멱살을 잡았다. 이럴 수가, 한국이라면 상상도 할 수 없는 일이다. 더군다나 사람들은 말릴 생각도 하지 않고 오히려 세 청년과 함께 아저씨에게 소리치기 시작했다. 계속해서 주위를 둘러보는 나에게 사람들은 웃으며 'No, problem'이라며 외쳤지만 바로 내 옆에서 몸싸움이 일어나는데 어떻게 내가 문제가 없을 수 있겠는가. 사건 사고는 왜 나한테만 일어나는 건가. 오자마자 버스 테러 사건에 휘말린 것이 아닐까? 괜히 돈 아끼지 말고 에어컨 버스 탈 걸. 그놈의 로컬이 뭐라고. 고작 아이스크림 하나 가격 아낀다고 고생길을 택한 나 자신을 원망하며 나는 바짝 긴장했다.

심지어 기사 아저씨는 길 한복판에서 버스를 멈추었고 껄렁한 청년들은 아저씨를 끌어내렸다. 마음 같아서는 아저씨를 도와주고 싶었지만 낯선 시선과 이상한 상황이 두려워 잠자코 지켜보고만 있었다. 발버둥 치는 아저씨를 청년들은 버스 밖으로 내팽개쳤다. 기사 아저씨는 쳐다보지도 않고 버스를 출발시켰고 내팽개쳐진 아저씨는 청년들을 향해 욕설을 퍼붓는 것 같았다. 역시 걱정하던 대로 'Incredible India'였다. 흉악 범죄가 만연히 일어나는 나라 인도. 도대체 나는 무슨 배짱으로 혼자 인도를 온 것인가. 당장이라도 집에 가고 싶은 심정이었다. 게다가 사람들은 버스가 출발하자 손뼉을 치며 환호성을 외치는 것이 아닌가. 혹시 다음 타깃은 나일까 생각하며 두려워하고 있는데 버스 안의 사람들이 나에게 미소를 지으며 말했다.

"No problem. Don't worry."

심지어 옆자리 아주머니마저도 흐뭇한 표정으로 나를 바라보았다. 도대체 이게 무슨 상황인지 도무지 이해가 가지 않았다. 날라리 삼인방 중 하나가 나에게 다가오더니 말을 걸었다.

"아 유 오케이?"

'아니, 난 하나도 안 괜찮아. 너네 때문에 무서워 죽겠다고!'

경계의 눈빛을 보내자 청년은 여전히 생글생글 웃으며 이야기를 시작했다. 피부 색깔이 하얀 내가 무척 신기해서 친구들과 계속 쳐다보고 있었는데, 갑자기 어떤 아저씨가 내 쪽으로 지나치게 가까이 서더니 자신의 몸을 내 어깨에 밀착시켰다는 것이다. 혹시나 해서 계속 지켜봤더니 의도적으로 버스가 흔들릴 때마다 자신의 몸을 내 어깨에 갖다 댔다고 한다. 정작 나는 꾸벅꾸벅 졸고 있었기에 눈치도 못 채는 것 같아 그런 나를 도와주려다 조금 전의 그 난리가 난 것이었다.

버스 안의 모든 사람들은 살가운 미소를 띠며 청년들과 나를 바라보았고 나는 부끄러움에 차마 고개를 들 수 없었다. 내가 끼고 있던 색안경이 나를 구해준 용감한 그들을 그저 예의 없는 날라리 청년들이라고 생각하게 만들었다. 그저 호기심 어린 눈빛이 나를 거침으로써 음흉한 눈빛이 되었고 그들의 친절이 나의 시선을 거침으로써 테러가 되었다. 그들은 내 마음도 모른 채 그저 멋쩍게 웃으며 루루몰에 다 왔다며 내리라고 말하고는 데려가 주겠다고 했다. 열아홉 살, 스무 살, 스물두 살 내 또래 청년들은 자세히 보니 까만 얼굴 때문에 더 빛나는, 고르고 하얀 치아가 드러날 정도로 짓는 예쁜

미소가 돋보이는 순수한 청년들이었다. 나는 작은 과도를 사서 들고 다닐 정도로 낯선 나라 사람들을 경계했지만, 그들은 그저 자신의 나라에서 이방인이 혹시라도 나쁜 일을 당하지는 않을까 걱정해서 도와주려는 사람들일 뿐이었다.

'그래, 인도는 어쩌면 인도는 내 생각만큼 무섭기만 한 나라는 아닐 수도 있어. 어쩌면 외면하는 게 일상화된 우리나라보다 훨씬 순수한 사람들이 사는 곳일 수도 있어.'

나는 조금 더 마음의 문을 열어보기로 마음먹었다.

아침 해가 지그시 떠오르고 있었다.

몇백 년에 걸쳐 유럽과 교류했던 때문일까, 내가 밟고 있는 남인도는 짜이 향보다는 원두 향으로 가득했다.

커피 향을 쫓아 들어간 골목 어귀의 포르투갈식 카페에는 잡다한 골동품들이 놓여 있었고 노란 벽, 파랑 창문 앞 의자들은 주인을 기다리고 있었다.

장사에 관심 없는 주인은 작고 네모난, 도저히 작동할 것 같지 않은 작은 텔레비전에서 나오는 오래된 발리우드 영화를 멍하니 보고 있었다.

영화에서 나오는 고르지 못한 음색의 노래는 찬찬히 가게를 적시고 멍하니 창밖을 보고 있자니 모든 것이 느리게 지나갔다.

두 손을 꼭 잡은 노부부가 가게 안으로 들어와 햇살이 가장 잘 드는 문 옆 창가 자리에 앉았다.

그저 아무 말도 하지 않은 채 마주 앉아 서로를 바라본다. 남자는 세상에서 가장 사랑스러운 눈빛으로 아내를 한가득 바라본다. 햇살은 어느새 테이블을 따뜻하게 데울 정도로 커졌다.

잔뜩 커진 햇볕은 아내의 얼굴을 온연하게 내리쬐고 있었다. 눈부심에 찌푸리는 모습까지 눈부시게 평화로웠다. 남자는 손을 내밀어 햇볕을 잠시 느끼더니 이내 아내를 일으켜 자리를 바꾼다. 아내는 그저 옅은 미소를 보낸 후 그늘 자리로 앉았다.

그에게 창가 자리가 아닌 곳은 그저 무대 뒤편이었으리라.

남자의 부드러움은 잠시 이 공간을 아비뇽으로 만들었다. 막은 올랐고 조명은 남자를 강렬하게 내리쬐고 있었다.

○ 나의 소중한 인도 친구들

여행, 다른 도시나 나라를 유람하는 것. 나의 여행은 사전적 의미의 여행과는 조금 다르다. 그들이 사는 세상에 푹 절여지는 것. 푹 절여진 후 삭을 때까지 그 속을 헤엄친다. 유람하며 유랑한다.

큰일이었다. 해는 져가고 공기는 제법 쌀쌀해졌는데 도대체 이곳이 어딘지 모르겠다. 길을 걷다 보이는 두 어린 학생에게 돌아가는 길을 물어본 것이 잘못이었다. 내가 버스를 타자 낄낄거리며 웃을 때 알아봤어야 하는데. 순진한 외국인을 골탕 먹이면 그리 좋을까? 마음속으로 백 번은 더 욕을 퍼부으며 그들을 원망했다.

'파파가 많이 걱정하실 텐데.'

사람들은 점점 더 없어져갔고 어둠에도 반짝반짝 빛나는 인도 사람들의 시선은 모조리 나를 향하고 있었다. 한 번만 더 물어보기로 결심하고 가장 멀끔해 보이는 남녀 무리를 붙잡았다.

"Help me, Some guys lie to me. I lost my way! Please. I want to go Port Kochi."

지금 생각해보면 참 말도 안 되는 영어를 써가며 도움을 빌었다. 따라오라는 그들을 따라 다른 버스를 타러 갔다. 하지만 저녁이라 그런지 오는 버스 족족 인도 남자들로 가득 차 있었다.

"저 버스인데, 탈 수 있겠어?"

나는 도무지 혼자 늑대의 소굴로 들어갈 용기가 나지 않았다. 그렇게 한 시간 동안 수많은 버스를 보냈다. 어쩌면 그들과 수다를 떠느라 놓친 버스가 있을지도 모른다. 그들은 대학교 졸업반이며 공과대학을 다닌다고 했다. 얼마 전 본 인도영화에서 공과 대학은 인도 최고의 수재들이 간다고 했는데 그 사실이 떠올랐다. 게다가 인형처럼 생긴 여자애는 미스 인디아 출신이라고 했다. 기사와 사진이 나온 것을 보니 거짓말은 아닌 듯했다. 이렇게 멋진 친구들이랑 있으니 괜히 어깨가 으쓱거렸다. 그저 인도라면 낡은 건물, 가난한 사람들이 떠올랐는데 그들은 한국의 내 친구들과 다를 바 없었다.

"와, 쟤 좀 봐! 진짜 예쁘다."

"오, 맙소사! 진짜 귀엽잖아. 번호 물어봐!"

"이럴 수가, 쟤 무슬림이야. 아쉽다."

분명 이곳은 인도인데 왠지 한국 친구와 있는 느낌이 들었다. 그들은 영화를 보러 가려던 일정을 취소하고 인도의 인력거 릭샤를 잡아타며 데려다주겠다고 했다. 미안한 마음에 거절했으나 이 늦은 시간에 혼자 보내면 마음에 걸릴 것 같다며 한 시간이 넘는 거리를 데려다주고 릭샤값을 내려는 나에게 내일 달라며 거절하고 돌아갔다. 내가 돌아오지 않아서 한참을 문 앞에서 기다리던 파파가 달려 나왔다.

"시내! 대체 어디 갔던 거야. 그리고 쟤네는 누구야! 엄청 걱정했잖아.”

파파를 걱정시킨 것이 미안해서 안심시킨 후 밥 대신 사온 망고를 함께 나누어 먹고 평상에 누워 하늘을 바라봤다. 며칠 전까지만 해도 짙은 하늘 탓인지, 걱정 가득한 내 마음 탓인지 보이지 않았던 별들이 눈부셨다. 친구가 생겼다는 사실에 설레어 잠들 수가 없었다.

그들과 며칠 동안 처음 만났던 루루몰에서 매일 만나 함께 놀았다. 한국 친구들과 똑같이 영화를 보고, 스케이트장에서 놀기도 하고 맛있는 걸 사 먹기도 하면서. 내가 이런 유흥을 즐기기에는 그 비용이 부담스럽다고 말했지만, 친구들은 유학 가기 전에 한국에 놀러 갈 테니 그때 맛있는 걸 사달라며, 그저 자신들은 이런 좋은 친구를 사귄 게 정말 좋다고 했다. 나는 물론 그보다 더했다.

깨랄라가 좋은 동네라서 가능한 걸까? 처음부터 이렇게 좋은 친구들을 만나다니, 정말 행운의 신은 내 편이구나 하고 생각했다. 매일 밤 내 어여쁜 친구를 인터넷으로 검색하며 친구들에게 자랑했는걸.

“야, 나 미스 인디아랑 친구야. 검색해봐! Aileena Catherin Amon. 내 친구다? 진짜 예쁘지?”

이렇게 매일 만나고, 숙소에 돌아가면 채팅을 하며 정이 잔뜩 쌓였는데, 첫날 사둔 고아Goa행 기차표를 타야 할 날짜가 어느새 다음 날로 다가와 있었다. 손짓 발짓을 해가며 어렵게 구한 표이기에 연장하는 것은 무리였다. 인도 친구들에게 사실을 말하자 얼굴에 아쉬운 기색이 역력히 떠올랐다.

"시내, 꼭 다시 코치로 돌아와야 해!"

나의 다짐을 받고 그들은 떠나는 날 오전에 함께 여행을 가자고 했다. 흔쾌히 허락하고 파파에게 말했는데 파파의 표정이 여간 심상치 않았다. 무얼 믿고 그들과 함께 가느냐는 것이었다. 내가 아무리 좋은 친구들이라 말해도 파파의 표정은 영 탐탁지 않았다.

그러나 다음 날 아침 나를 픽업하러 온 미스 인디아 친구 앨리나를 보며 파파는 함박웃음을 지으며 인사했다.

"시내, 정말 멋진 친구를 두었구나. 하하! 잘 놀다 오렴."

역시 예쁜 여자를 좋아하는 것은 한국이나 인도나 똑같은가 보다. 여행 속의 여행이라. 너무나 낭만적이었다.

친구의 자동차를 타고 한 시간여 떨어진 마라리 비치Marari Beach로 향했다. 고급스러운 차 내부에서 '깨랄라'가 반복되는 인도 깨랄라 전통 노래와 센스 넘치는 친구들이 고른 한국 가요 몇 곡이 흘러나왔다. '딩기디 깨랄라 딩기디 깨랄라.' 알 수 없는 노래에 흥에 겨워 우리 다섯 남녀는 고개를 휘젓고 어깨를 들썩이다가 이내 목적지에 도착했다.

다른 관광객 하나 없는 마라리 비치에는 몇몇 나무꾼만이 나무를 베고 있었다. 우리는 모두 나무 위를 냉큼 올라탔다. 유년기의 행복이 자리 잡고 있는 듯했다. 내가 나무를 밟고 올라서자 나무는 낯선 땅에서 온 친구의 기를 살려주려 했는지 엄청난 환호를 내뿜었다.

햇볕이 너무나도 따가워 이리저리 자리를 찾다 바스러지기 직전인 죽은 바나나 잎을 구해서 그늘 밑에 자리 잡았다. 바나나 잎은 꽤나 훌륭한 돗자리 역할을 한다. 그러고는 가방 속에 숨겨온 맥주를 슬그머니 꺼내고 그들의 아지트 식당에 들어가 소고기와 돼지고기를 실컷 맛봤다. 앨리나와 콜린은 크리스챤, 고빈드는 힌두교 그리고 마노조비는 이슬람교였다. 치열하게 싸웠던 카슈미르의 이슬람과 힌두는 이곳에 없었다. 인도에서는 천박한 종교라는 크리스쳔을 그들은 자랑스러워한다.

“너네 친구하면 문제되지 않아?”, “소고기 먹으면 안 되지 않아?”, “불가촉천민과 말을 섞어도 되는 거야?”

수없이 쏟아지는 나의 질문에 대답은 언제나 하나였다.

“세상에 안 되는 것은 없어(부모님에게 들키지만 않으면)!”

젊은 인도 그 자체였다. 그들을 만나지 않았다면 내 머릿속 인도는 아직 가난 그 자체, 수마트라와 위엄의 브라만 그리고 가난, 종교 분쟁만이 기억되었을 것이다. 12억 인구의 인도는 한마디로 정의할 수 없다. 다양한 사람들과 다양한 사상이 나를 계속 놀라게 했다. 그들과 함께한 휴가는 인도 젊은이의 휴가 그 자체였다. 그 속에서 나는 그들을 알고 인도를 맛보았다.

해변의 모래를 움켜잡았다. 뜨겁게 반짝이는 모래는 손 틈새로 빠져나갔다. 내 관념의 우물도 함께 사라져갔다. 모래가 빠져나가자 몇몇의 굵고 반짝이는 알맹이만이 햇빛에 강렬히 반사되어 눈을 비비게 했다.

○ 첫 기차를 타다

코치를 떠나기 싫었다.

정들었던 파파와 나의 첫 인도 친구들과 이별을 하려니 발걸음이 떨어지지 않았다. 하지만 이미 기차표는 사두었고 나는 다음 도시인 고아Goa로 꼼짝없이 가야만 하는 운명이었다. 그것도 설국열차의 꼬리 칸이라고 불리는 슬리퍼 칸 기차를 타고.

인도 기차 슬리퍼 칸의 악명은 익히 들어왔다. 그러나 슬리퍼 칸의 요금은 300루피, 한 단계 높은 3AC 칸의 요금은 무려 1000루피 가까이나 했다. 선택의 여지가 없었다. 그깟 15시간, 조금만 참으면 금방이라고 생각하고 기차에 올라탔다. 내 자리는 3층. 벽면에 세 개의 침대라고 부르기도 어려운 낡은 합판 세 개가 붙어 있었다. 배낭 커버를 단단히 씌운 후 체인을 걸어놓았다. 침대를 만져보니 손에 먼지가 새카맣게 묻어 나왔다. 발아래는 벌레들이 기어 다니고 침대에 누우면 바로 맞닿는 손바닥만 한 선풍기는 먼지로 뒤덮여 팬이 보이지도 않았다. 몇 번 숨을 들이쉬고 코를 닦으니 휴지에 까만 이물질들이 엉겼다. 슬리퍼 칸이 설국열차의 꼬리 칸이라는 말이 헛소문은 아니었나 보다. 인도 사람들을 보니 그 더러운 바닥을

맨발로 거닐었다. 침대를 닦으려 물티슈를 꺼내 들었지만 그들 앞에서 차마 '나는 이 침대를 더럽다고 느낀다'고 표현할 수 없었기에, 다시 집어넣고는 10시가 될 때까지 앉아 있어야 할 1층 침대로 내려가 창가에 앉았다.

"쟈빠니즈?"
"아니, 나 한국에서 왔어."
"그게 어디야?"
"쟈빤 옆에 쟈빤보다 멋진 나라."

어느새 소문이 났는지 기차의 다른 칸 사람들도 다 나를 구경하러 왔다. 내 주위로 사람들이 버글버글 몰려들었다. 바깥의 더운 풀 내음, 녹슨 기차 냄새, 사람들에게서 풍겨오는 시큼한 냄새가 뒤섞여 코를 콕콕 찔러 댔다. 기차는 출발했지만 사람들은 떠날 생각을 하지 않았다. 힌디어도 몰랐고 영어도 못 했던 나는 동시에 들려오는 수많은 질문에 머리가 어지러울 지경이었다. 그때, 인도에 오기 전부터 꼭 듣고 싶었던 소리가 들렸다.

“짜이- 짜이- 짜이-”

인도에 온 이상 매일 짜이 세 잔씩은 먹어야 한다고 굳게 다짐한 나였기에 냉큼 짜이맨을 불러 짜이 한 잔을 부탁했다. 짜이맨은 걸

음을 멈추고 무거워 보이는 쇠 통에서 짜이를 따라 내 손에 쥐어 주었다. 손톱 가득 낀 까만 때와 굳은살 박인 손이 내 손과 맞닿았다. 나를 바라보는 모두의 시선 때문에 당장 짜이를 들이키지 않으면 안 될 것 같아 단숨에 들이켰다.

쌉쌀하면서 달콤한 맛이 입안에 감돌았다. 백 원도 안 되는 가격치고 훌륭한 맛이었다. 내가 짜이를 단숨에 마시자 사람들이 흐뭇하게 바라보는 것 같아서 왠지 자신감이 붙은 나는 또 지나가던 우유 파는 아저씨를 불렀다.

'버터밀크'라는 글자가 눈에 확 들어왔다. 우유에 버터를 넣어 고소한 맛일 것만 같았다. 옆에 앉은 아줌마한테 물어보니 자기가 제일 좋아하는 거란다. 역시나 우유를 받자마자 단숨에 들이켰다. 사람들은 여전히 호기심 어린 눈으로 나를 바라보았다.

우유를 삼킴과 동시에 뱃속에서 무언가가 부글부글 끓었다. 구역질 나는 맛이었다. 버터밀크보단 비터 밀크(bitter milk)가 어울리는, 적어도 1년은 묵힌 것 같은 상한 우유 맛이었다. 곧장 나는 달리는 기차 문밖으로 머리를 내밀며 토했고 고통스러워하는 내 모습을 보던 사람들은 손뼉을 치고 환호성을 지르며 심지어는 휘파람까지 불었다. 인도 사람들이 너무 미워 눈을 잔뜩 흘겼다.

그렇게 날이 어두워졌다. 기차 안의 사람들은 하나둘 불을 끄기 시작했다. 내가 내려야 하는 곳은 고아. 종착역이 아니고 어떠한 알림도 없기 때문에 대충 때려 맞춰 고아일 것 같은 곳에 내려야 하는 난감한 상황에 처했다. 도착 예정 시간은 새벽 4시. 도착하고 나서 내가 원하는 곳으로 가려면 또 한참을 가야 한다고 했는데 어떡해야 할지 걱정하며 잠을 자려 했다. 긴장한 탓인지 이상하게 깊이 잠들지 못했다. 부스럭거리는 소리에 잠을 깼다. 하필 내 머리 위의 등은 불이 나가버려 기차가 매우 깜깜했다. 한국에서 천 원 주고 구입한 독서등을 머리띠에 끼고 소리가 나는 곳을 바라보았다. 아까 전부터 내 곁에서 어물쩡거리는 수상한 외모의 아저씨가 멍하니 나를 바라보고 있었다. 재빨리 주머니에서 꺼낸 과도를 움켜쥐고 아저씨를 바라보았다. 모두 잠든 곳에 아저씨와 내 숨소리만 유독 크게 들렸다. 나를 바라보던 아저씨는 입을 열었다.

"얘야, 너 왜 안 자니? 얼른 자. 내가 널 지켜줄게."

지켜준다는 아저씨의 말이 무서워 결국 뜬눈으로 밤을 지새우고 말았다. 잠 한숨 자지 못해 피곤한 채로 어스름한 새벽, 고아에 도착했다.

○ Happy Holi

히피들의 성지 고아. 그중에서도 가장 크기가 작고 히피 뮤지션들이 많은 빨로렘Palolem. 동양인에게 유명한 장소가 아닌지라 주위 어디를 돌아도 금발 머리 언니 오빠들로 가득 차 있다. 해변 바로 앞 숙소가 너무 비싸 해변에서 십 분 떨어진 낡은 숙소에 방을 잡았다. 영어를 한마디도 못 하는 인상 좋은 할아버지가 운영하는 숙소에는 사람이 거의 없고 도마뱀이 낡은 숙소 벽을 타며 기어 다니고 있었다. 코치의 파파가 생각났다. 활기찬 동네를 홀로 걸으니 외로움이 밀려 들어왔다.

아이들과 놀아보려 해도 달라붙는 아이들은 모두 곧장 돈을 요구하곤 했다. 결국 고아에 도착한 첫날, 내 도시가 아니구나 하는 생각이 들었고 이틀 후에 떠나는 버스표를 샀다. 그러곤 딱히 무엇을 해야 할지 몰라서 해변가를 멍하니 거닐었다.

해피 홀리!

누군가 나에게 물감을 던졌다. 꼬마 아이였다. 내가 그렇게 기대하던 홀리 축제가 시작된 것이다! 서로의 몸에 물감을 던지며 행운을 바

라는 홀리 축제. 사흘 전부터 준비했던 물감을 꺼내 아이에게 '해피 홀리!'를 외치며 던졌다. 이 물감을 온몸으로 맞길 얼마나 기다렸던가. 그러나 아이는 물감에 맞았다는 이유로 돈을 요구했다. 그럼 그렇지. 안 그래도 외로운데 돈만 생각하는 인도 사람이 미웠다. 돈 대신 남은 물감을 쥐어 주고는 홀로 여행을 선택한 나를 원망하며 계속해서 한 해변을 걸었다. 그렇게 길을 걷는데 어디서 희미하게 노랫소리가 들렸다.

해변 끝 작은 레스토랑에서 물감 범벅이 된 다소 신경질적으로 보이는 남자가 기타를 치며 노래하고 있었다. 해변 앞 레스토랑은 워낙 비싸서 절대 이용하지 않기로 다짐했지만 나도 모르게 발걸음이 그곳으로 향했다. 관객은 아무도 없었다. 오로지 나 하나. 해가 지는 고아에서 들리는 노랫소리에 마음이 몽글몽글해졌다.

가수는 '까만 머리의 소녀를 위하여~'를 시작으로 나에게 그의 아름다운 감성들을 읊었다. 그 자리에서 해가 질 때까지 그의 무대를 멍하니 보았다. 노래가 끝나고도 아무도 없는 곳에 혼자 있다는 사실이 실감이 안 나 멍하니 앉아 있었다.

"저기…."

지는 노을을 바라보며 멍하니 있다가 나를 부르는 소리에 돌아보니 옷 여기저기에 홀리의 흔적이 남아 있는 신경질적인 남자 가수가 부른 것이었다.

그의 이름은 콜린, 영국에서 온 가수인 그는 잠시 본업을 접고 기타와 그의 아름다운 목소리에 몸을 맡긴 채 세계를 방랑 중이라고 했다. 나는 여행 중 처음 맞는 묘한 외로움에 그에게 질문을 건네었다.

"넌 행복하니?"

"나는 지금 너를 만난 순간은 무척 유쾌하지만 때때로, 심지어 여행 중에도 아주 깊은 호수에 빠진 것 같은 큰 고독과 불행을 느껴. 하지만 그건 축복이야. 불행은 예술가를 만들지. 불행을 모르는데 과연 행복이란 것이 뭔지 알 수 있을까?"

여행 중에 만난 사람들은 다들 자신은 항상 행복하다고 말하곤 한다. 나 역시도 '나는 항상 행복한 사람이며 불행은 나와 거리가 멀다'고 말하고 다녔다.

나는 왜 혼자 여행을 할까? 나는 왜 혼자가 좋을까? 지극히 어린 시절부터 혼자가 좋았다. 물론 친구들과 함께하는 시간도 충분히 소중하고 아름다웠지만, 도서관을 가거나 서점을 가거나 영화를 보거나, 더 많은 상황에서 혼자의 시간이 훨씬 좋았다. 심지어 가끔은 고깃집에 혼자 가서 고기를 누구보다도 진지한 표정으로 먹고는 했다. 타인과 있으면 괜히 위악적인 사람이 된다고나 할까. 실은 꽤 진지한 부분도 있는데 사람들은 항상 나를 둥둥 떠 있는 아이로 봤다. 초등학생 때 나만의 페르소나를 만들었다. 주변 사람들과 조금은 다른 내 삶을 들키고 싶지 않았던 것 같다, 예를 들면 아빠 얼굴을 태어나서 단 한 번도 본 적이 없다든가 하는. 괜히 바보 같은 짓을 하고 짓궂은 표정을 짓고 그냥 남들이 나를 바보같이 행복한 아이라고 생각하는 게 편했다. 그렇게 하면 남들과 다른 내 삶을 알아채지 못할 거라고 생각했다. 남들이 나를 동정하는 것이 끔찍하게 싫었다. 여행을 와서야 나를 아는 사람이 아무도 없는 곳에서 비로소 진짜 내가 될 수 있었다. 여행을 하며 만나는 사람들은 나와 아무런 결연이 없는 사람들이다. 다른 학교, 다른 직업, 다른 나이, 어쩌면 다른 나라. 여행을 좋아하는 것 말고는 서로 뭐 하나 겹치지 않기에 멀었고 또 가까웠다. 어쩌면 다시는 또 만나지 못할 사람들과 함께 있으면 더 쉽게 가까워지며 속내를 더 진지하게 털어낼 수도 있고 더 바보 같은 짓을 하기도 하고 혹은 더 깊은 사색에 잠기기도 할 수 있다. 그래서였을까? 밤늦게까지 콜린과 나의 삶, 내 깊은 속내를 얘기하며 마음속 깊이 패어 있던 상처들을 끄집어냈다. 왠지 기분이 나아졌다. 아까 느꼈던 외로운 감정은 어느새 깊은 생각으로의 탐험 덕분에 변해 있었다.

다음 날, 오전의 외로움은 감쪽같이 잊은 채 나는 스스럼없이 처음 보는 친구들에게 다가가 고아를 떠나기 직전까지 모든 것을 내려놓고 홀리를 즐겼다. 나는 또다시 바보 같은 아이가 되었다. 어쩔 수 없나 보다. 이것도 내 모습 중 하나겠지. 금방 친해진 친구들이 음악에 맞춰 나에게 풍선을 던졌다. 터지는 물감과 함께 내 마음속의 물집들도 터져 나가는 것 같았다.

○ 함피에서 만난 사람들

누군가 이렇게 말했다고 한다. '함피Hampi는 세상에 존재할 수 없는 풍경이다.'

고아에서 버스로 여섯 시간을 달리면 도착하는 커다란 바위들로 이루어진 돌사막 함피.

마탕가 힐Matanga Hill에 떠오르는 일출을 보면 가슴이 저릿해지고, 그 풍경보다 더 아름다운 함피의 사람들은 잔뜩 달구어진 마음을 쓰다듬어 준다. 내가 사흘간 머문 함피 '바자르'는 여행자의 거리다. 그래서 바자르에 거주하는 대개의 인도인들은 여행자를 대상으로 장사를 한다. 여느 여행지와 다름없이 여행객에게는 더 비싼 값을 받으며 자기 상점에 놀러 오라는 말을 한다.

그런데 바자르에서 나를 울컥하게 만드는, 너무나도 아름다운 사람들을 만났다. 마을 사람들끼리는 서로 알 정도로 작은 시골 마을에서 나는 나의 사람들을 만난 것이다.

나의 친구 바부

다른 도시보다 유독 비싼 남인도의 물가 탓에 아무것도 사려 하지 않았지만, 골목 어귀에 있는 바부의 가게는 그냥 지나칠 수가 없

었다. 독특하고 귀여운 가방들이 대롱대롱 매달려 있고 살짝 조잡한 모양새에 절로 미소가 지어졌다. 얼굴 두께 하나는 최고인 나는 바부의 가게 안으로 들어가 바닥에 퍼질러 앉아 이것저것 뒤적거렸다. 다른 상인들이라면 여행객을 홀리기 위해 단련된 능숙한 영어로 나를 불렀을 텐데 바부는 달랐다. '얼 바부스 메이드', '굿 백', '바나나 백', '굿 코리아.' 이빨 사이의 빈틈을 내보인 채로 히죽 웃으며 자신의 이름을 바부라고 소개하는 그를 보니 절로 웃음이 나왔다.

"헤이 바부, 한국에서 너 이름 무슨 뜻인지 알아? 스튜핏, 이디엇, 하하하."

바누는 머리를 긁적이면서 이건 우리 마더가 준 행복한 이름이라며 자신을 놀리는 나를 향해 씩 웃어 보였다. 내가 즐거워하는 것을 보니 더 좋은 이름 같다며 기뻐했다. 나는 살짝 미안한 마음에 실제론 조금 조잡했던 그의 솜씨에 대해 아티스트라 칭하며 그를 과하게 칭찬했다. 그는 자신의 아빠가 다 알려줬다고 바부 메이드는 역시 최고라며 뿌듯해했다. 영어도 못하면서 수다쟁이인 그는 가게 주인이 오자 순식간에 조용해지며 입을 닫고는 재봉틀 작업에 집중했다. 주인은 바부를 자기 동생이라 했지만 잔뜩 움츠러든 바부의 모습에서 나는 당연히 아니라는 것을 알 수 있었다. 다음날 아침 바부의 가게를 또 찾았고 나는 한참이나 수다를 떨었다. 바부는 주인이 무섭다며 주인이 있으면 일을 해야 하고 재봉틀에 앞에 앉아 있어야 해서 슬프다고 했다. 바부는 자신이 만든 아주 섬세하고 귀여운 손바느질 팔찌를 개당 15루피라는 헐값에 내게 주었다. 나는 잔돈이 없어 큰돈을 냈는데 거스름돈이 고작 10루피이기도 하고 바부가 내 팔목에 맞게 손수 다시 재봉틀로 수선해주었기에 미안한 마음에 잔돈은 가지라고 했다. 그는 이빨 사이에 난 까만 빈틈을 감추고 그것은 '낫 굿not good'이라며 내 손에 꾸깃꾸깃 잔돈을 넣었다.

떠나는 날, 바부를 위해 팔찌를 잔뜩 사려 했는데 중간에 약속이 있던 나는 계산도 하지 않은 채 급하게 팔찌를 두고 다시 온다고 약속하며 가게를 나섰다. 그러나 떠나기 직전, 무척이나 험난한 일(돌사막에서 길을 잃었다!)이 있어 나는 그만 바부를 까맣게 잊고 말았다. 함피에 있던 한국 언니에게 떠난다는 인사를 하자 언니는 바부가 '시내 리빙 투데이. 아임 배리 새드. 시내 베리 굿 프렌드. 바부 베리 굿 아티스트. 바부 새드 투데이.'라는 짧은 영어를 읊으며 잔뜩 풀이 죽어 있다고 전해 주었다.

한걸음에 그의 가게로 달려갔지만 그는 무서워하는 사장님과 함께 있었다. 시간이 없어 돈만 주고 가려는데 바부가 사장님에게 친구니까 싸게 해달라고 말하는 듯했다. 이내 티격태격하더니 사장님은 300루피를 달라고 했다. 사장님에게 500루피를 냈는데 100루피만 거슬러주기에 나머지를 달라고 했더니, 나머지는 바부가 주기로 했다며 사장님은 바부를 향해 눈을 흘겼다. 그리고 바부는 자기 호주머니에서 꼬깃꼬깃한 10루피짜리 지폐 열 장을 모아 나에게 주었다. 바부는 정말 바보였다! 아무리 친구가 되었다고 해도 그렇지 제대로 된 신발 하나 없으면서 자기보다 훨씬 때가 묻은 여행객을 위하다니. 정말 속이 상했다. 나는 다시 함피에 돌아올 거라며 나머지 돈은 다음에 받는다고 거짓말을 했고 대신 떨어진 옷들을 수선해 달라고 했다. 그는 또 서툰 솜씨로 역시나 아무것도 받지 않고 모든 것을 고쳐주고는 씩 웃었다. 내가 다시 배낭을 짊어지고 돌아서자 서글서글한 바부의 미소는 금세 사라지고 큰 눈은 살짝 빨개졌다. 사장님은 무섭고 바부는 하루 종일 지루하게 재봉틀 작업을 해야 하는데 시내가 항상 말 걸어줘서 정말 행복했다고, 함피에 다시 오면 예쁜 것을 만들어 주겠다며 그는 눈물을 글썽였다.

텐진네 가족

바자르에서 제일 싼, 내 숙소 앞에는 골동품 가게가 있었다. 그곳에는 한국인처럼 생겨서 유명한 아저씨와 귀여운 꼬마 가족이 화목하게 살고 있다. 딱히 살 건 없지만 나는 텐진이라는 여섯 살 꼬마의 상당히 한국적인 외모에 괜히 정이 가서, 가게에 퍼져 앉아 텐진을 놀리거나 거리에서 함께 뛰어다니며 매일 놀아주었고 가끔은 그에게 과자를 쥐어 주기도 했다. 알고 보니 텐진네는 내가 묵고 있는 숙소의 방 한 칸을 빌려 그곳에 머물고 있었다. 나는 텐진 말고는 안면이 없었기에 그의 가족과 마주치면 살짝 눈인사만 하곤 했다. 어느 날 아침 누군가가 문을 두들기기에 열어보니 텐진의 어머니가 말없이 짜이 한 잔과 짜파티 두 장을 내 침대에 놓고는 씩 웃

으며 사라졌다. 덕분에 든든하게 아침을 먹고 떠날 채비를 재빠르게 했고, 마침 바부에게서 새 가방을 사 왔기에 한국에서 들고 온 투박한 가방을 텐진에게 책가방으로 쓰라고 주었다. 우리 오빠가 쓰던 것이라 오래되고 낡았지만 꽤나 튼튼한 가방이었다. 하지만 세상사 관심 없는 텐진은 가방을 가게에 던져놓고 다시 놀러 나갔다. 나는 배낭을 메고 숙소를 나서며 맞은편의 텐진 어머니에게 빈 그릇을 돌려주며 인사를 드렸다. 그랬더니 텐진의 부모님은 내게 텐진이랑 잘 놀아줘서 고맙단 말과 함께 전에 한 번 텐진 눈에 먼지가 들어간 적이 있는데 그때 인공눈물을 챙겨준 것도 안다며 고맙단 뜻으로 예쁘고 튼튼한 새 수첩을 내 손에 쥐어 주었다.

자전거 남매

함피에 온 첫날 나는 줄이 끊어진 시계를 알만 매달고 다녔다. 그걸 본 자전거 대여 가게 아저씨는 내게 왜 줄 끊어진 시계를 달고 다니냐고 물었다. 어차피 새로운 시계를 살 참이었기에 나는 그에게 그 끊어진 시계를 주려 하자 아저씨가 받을 수 없다며 자기가 내일 시계를 사 오면 바꾸는 걸로 하자고 했다. 나는 이게 웬 떡이냐 하고 냉큼 시계를 주었는데 다음 날 아저씨는 시계를 가져오지 않았다. 왠지 기분이 상해 떠나는 길에 나는 아저씨를 잔뜩 흘겨보았고 아저씨는 쩔쩔매며 어제 함피의 시내인 호스펫에 나갔는데 늦게 나간 나머지 가게가 문을 닫았다며 시계값을 주겠다고 500루피를 내 손에 쥐어 주었다. 길을 잃어 고생하다 떠나는 터라 잔뜩 예민하던 나는 한국어로 "그냥 너 가져라!" 하며 "라이어!"라고 외치고는 돈을 다시 주고 휙 뒤돌아 갔다. 아저씨는 뒤돌아선 나에게 거짓말이 아니라고 자신 때문에 함피를 싫어하면 너무 슬프다며 자꾸 붙잡았다.

'인도 사람이 그럼 그렇지.' 싫증이 난 나는 당신과 더 이상 얘기 안 할 것이며 시계는 어차피 싸구려니 가지라고 했다. 잠시 후 그는 여러 번 찬 흔적이 잔뜩 있는 금박시계를 들고 와서 쩔쩔매며 숙소 앞을 서성대고 있었다. 눈썰미가 꽤나 좋은 나는 단번에 그것이 그의 가게 옆에서 일하는 누나가 매일 차고 다니는 시계임을 알았다.

약해진 마음에 이제 마음을 알았으니 되었다고, 괜찮다고 했다. 그렇지만 시계는 필요 없다고 하며 가려 했으나 그는 끝끝내 붙잡고는 그의 누나와 함께 내 손목에 시계를 채웠다.

"안 돼, 함피에서 가장 행복한 표정으로 인사하던 네가 나 때문에 짜증이 나서 미소를 짓지 않았어. 꼭 가져가 주었으면 좋겠어. 그리고 우리를 좋은 기억으로 추억해주었으면 좋겠어."

나는 괜히 짜증을 낸 것 같아 미안한 마음에 떨떠름한 표정을 했다. 그것도 모른 채 그는 내가 아직 화가 아직도 안 풀렸다고 생각했는지, 자신은 항상 가게에 있으니 다시 오면 예쁜 시계를 사다 주겠다고 했다. 그러고는 배낭을 자신의 릭샤로 옮기더니 자신 때문에 시간을 뺏긴 것 같다고 20킬로미터 정도의 먼 거리를 먼지를 실컷 말으며 달려서 데려다주었다. 그는 역 앞에서 마지막 짜이 한잔을 하자며 역 한 편에 자리를 잡았다.

“시내, 이제 위로 올라가면 갈수록 큰 도시라서 나쁜 사람들도 많고 사기 치려는 사람들도 많아. 배낭 꼭 잠그고. 자물쇠는 채웠지? 나쁜 사람들 때문에 힘들면 함피로 언제든지 돌아와.”

떠나는 나에게 콜라와 과자 그리고 물까지 잔뜩 쥐어 주고는 끝까지 나를 바라보며 손을 흔들어주었다. 떠나기 전 마지막 기념사진을 찍을 때 내가 시계를 보이려고 주먹을 쥐자 그는 자신이 까먹었을까 봐 킥kick하는 거냐며 하하 웃어 보였다. 시계는 내 여행이 끝날 때까지 내 손목에서 그들의 따뜻함을 껴안은 채로 함께 여행했다.

함피의 일출을 본 순간 이런 생각이 들었다. 앞으로 살아가면서 이 이상의 풍경은 절대 볼 수 없을 거라고….

○ 내가 줄 수 있는 것, 흔적 남기기

인도는 넓은 땅덩어리 때문에 한 번 기차를 타면 기본으로 열 시간은 훌쩍 넘어간다. 그래서 그런지 타도 타도 적응이 되지 않았다. 여덟 시간 정도는 잔다고 쳐도 나머지 시간들은 보낼 만한 무언가가 필요했다. 인터넷은 터지는 게 기적인 수준이었다. 풍경을 보며 사색하는 것도 지칠 때쯤 텐진네 아저씨가 준 수첩과 조금만 힘을 줘도 으스러지는 인도 연필을 꺼내어 든다.

여행을 하면서 아쉬웠던 것이 여행 중에 만난 사람들에게 줄, 나를 기억나게 할 만한 선물을 들고 오지 않았다는 것이다. 거창한 것까지는 필요 없고 그저 작고 조그마한 선물을 주면 내가 그들을 기억하는 것처럼 그들도 내가 준 것을 볼 때마다 기차에서, 혹은 어딘가에서 만난 한국 소녀가 생각날 텐데. 그랬더라면 그들의 머릿속에 나의 자국을 남길 수 있었을 텐데 하고 후회하며 아무것도 들고 오지 않은 나를 원망했다.

그러다 떠올린 것이 그림이었다. 잘 그리지 못해도 정성 들여 그려 주면 누구나 좋아할 것이 분명하기에 기차에서 한참같이 놀던 옆자리의 귀여운 아이를 지긋이 바라보며 연필을 쥐었다. 도화지가 아니라 지우개질 몇 번만 하면 다 뜯어지는 얇은 종잇장과 꾹꾹 눌러야 겨우 진한 색이 나오는 문구용 연필이었지만 충분했다. 아이를 그림을 담으려 하자 까만 얼굴에서 유독 튀는, 지독하게 새하얀 눈동자가 점점 내 손끝으로 모여서 한층 더 떨렸다.

시선이 무척이나 가려워 더 이상 참을 수 없을 정도가 되었을 때 조심스레 수첩 속 종이를 뜯어 아이의 가족에게 건네주었다. 아이는 아무것도 몰랐지만 채근하는 부모님 때문에 내 볼에 뽀뽀를 해주었다. 알아들을 수 없는 힌디어가 기차에 오가고 그림은 승객의 손을 타고 또 타고 기차 칸 전체를 휩쓸었다! 수십 개의 눈들이 나에게 쏠렸고 기분 좋은 눈빛이 나를 더 들뜨게 했다. 집에서 싸 온 것 같은 과자를 내 자리에 놓기도 하고, 흐뭇한 미소를 지으며 짧은

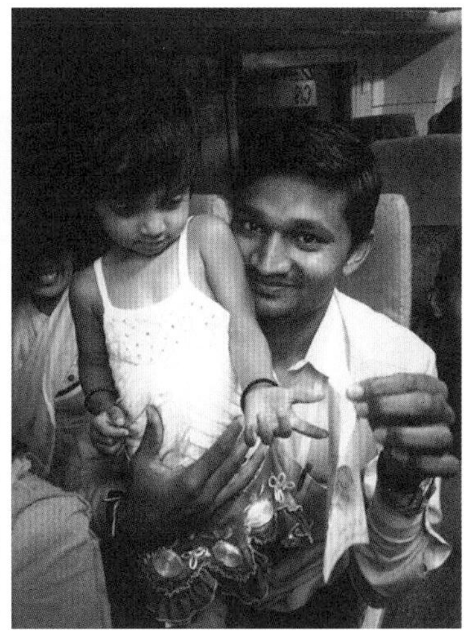

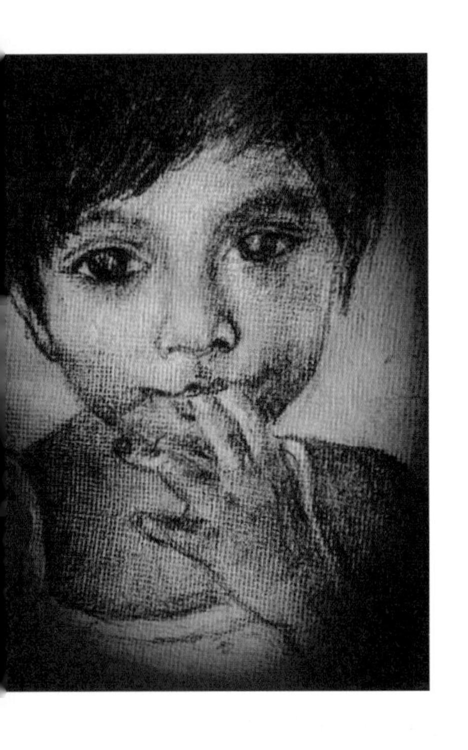

영어로 내 축복을 기원하기도 했다. 교류 없던 기차 안은 순식간에 시끌벅적해졌다. 연예인이 된 느낌이었다. 혹은 천재 화가가 된 착각이 들기도 했다. 내 작은 정성에도 내가 무안하지 않도록 열 배는 넘게 기쁨과 감사를 표하는 그들 덕분이었다.

순수한 내 힘으로 이렇게 많은 사람들을 웃음 짓게 만든 나 자신이 무척 대견했다. 남들 앞에서는 낙서조차 하지 않을 정도로 수줍어하던 내가 그림을 보여준 것이 낯간지러웠지만 어쩌면 가져오지 못해 잠시 후회했던 한국 과자나 책갈피보다 훨씬 훌륭한 선물이 아니었을까.

가식 없는 맑은 칭찬에 덩달아 신나서 이제는 영역 표시하는 시골 똥개처럼 여기저기 내 흔적들을 남긴다. 종이에 그림을 그려 주기도 하고 그들의 일터 벽에 장난스럽게 그려 주기도 한다. 때로는 10루피짜리 헤나 약으로 여행자 친구에게 헤나를 그려 주기도 한다. 또 때로는 인도 꼬마들에게 한글로 이름을 적어준다. 그러면 어느새 아이들은 떼로 몰려와 줄지어 선다. 10루피를 달라고 조를 때는 언제고…. 나는 인도를 좋아하는 건지 혹은 싫어하는 건지 아직도 모르겠다.

두꺼운 책 속에서 발견한 종이 쪼가리 속의 어설픈 자신의 얼굴을 보고,
문을 열 때마다 보이는 우스운 자신의 캐리커처를 보고,
샤워를 하다가 이제는 지워져 옅게 남은 희미한 헤나 자국을 보고,
좋든 싫든 나를 떠올릴 사람들을 생각하니 비죽 나오기 시작한 웃음이 멈추지를 않는다.

○ 기억을 되짚어가는 인도, 우다이푸르 '싸마디 찾기'

나중에 인도를 떠나 유럽 여행을 하던 중 스페인에서 휴대폰을 소매치기당한 적이 있었다. 그때 한동안 왈칵 눈물을 쏟았는데, 이유는 휴대폰이 아까워서도 카카오톡을 더 이상 할 수 없어서도 아니었다. 단지 싸마디가 나에게 입을 맞춰주는, 너무 아까워서 어딘가 올리지도 못했던 동영상을 더 이상 볼 수 없다는 생각 때문이었다. 그러나 이 또한 잊어갈 때쯤에, 나는 인도 여행 사이트에 우다이푸르Udaipur 여행기를 올렸는데 얼마 안 있어 댓글이 달렸다는 알림이 떴다.

'어, 호수 앞에서 매일 싸마디 안고 계시던 분이군요.'

그 댓글을 보자마자 기억에서 잠시 지워졌던 맑은 눈의 그 아이 이름이 떠올랐고 우다이푸르에 거주하는 듯한, 댓글 단 분에게 간곡히 메시지를 보냈다. '싸마디가 정말 그립습니다. 그러니 그 아이가 잘 지내는 사진 하나만 나에게 보내주세요.' 다행히 나를 기억하던 그분은 알겠다고 했으나 싸마디가 아픈지 요즘 보이지 않는다며 슬픈 소식을 건네주었다.

새벽녘에 내린 인도 우다이푸르는 참 눈부시게 아름다웠다. 화이트 시티라고 불릴 만큼 새하얀 건물들과 호수, 호수의 작은 섬에 있는 반짝이는 성.

당시 나는 한국에서 사귀던 친구한테 메시지로 이별 통보를 받고 아파하던 중이었다. 그래서 내 기분과 어울리지 않는 아름다운 우다이푸르가 미웠고, 난 그곳을 금방이라도 떠날 생각이었다.

숙소에서 조금 걸어 나와 호수를 가로지르는 조그마한 다리를 건너면 바로 옆 공터에 작은 야외 간이식당이 있는데 나는 우다이푸르에서 가장 저렴한 그곳에서 밥을 먹곤 했다. 그때 그 아이를 보았다. 아름다운 호숫가 앞에 살고 있는 싸마디는 호수의 배경과 대조되는 아이였고, 호숫가의 흙길 속에서 갓 튀어나온 듯한 느낌이 드는 작은 꼬마였다.

싸마디의 가족은 흙먼지 날리는 땅바닥에서 살고 있었다. 항상 웃기만 하고 말이 없는 싸마디의 엄마, 천방지축 돌아다니며 여섯 살쯤 되어 보이는 싸마디의 형, 조그마한 돌을 깎고 또 깎아 조각을 하던 싸마디의 아빠, 그 옆에 항상 앉아 있는 바람에 날리는 돌가루를 뒤집어써서 얼굴이 온통 하얗던 싸마디. 까만 얼굴과 까만 눈동자에 대비되는 새하얀 눈자위가 반짝반짝 빛났다. 장난기 가득한 얼굴에 후하고 바람을 불면 아이는 그 누구에게도 보여주지 않을 것 같은 빛나는 웃음을 이내 보여준다. 그 웃음 속에서는 돌가루 날리던 새침한 아이는 어디에도 없다.

싸마디는 통통한 볼과 다르게 한 손 안에 잡히는 가는 다리와 맨발로 아장아장 걷는다. '텐루피 디지에(10루피만 주세요)'라고 동냥하러 쫓아오는 여느 인도 꼬마와 다르게 싸마디는 그저 싱긋 웃으며 나의 옷자락 끝을 잡았다. 나는 다음 날도, 그다음 날도 싸마디를 보러 호숫가로 향했다. 흙가루와 돌먼지가 뒤섞여 가루가 훅 하고 날리는 바닥에 그의 가족과 함께 앉아 내 무릎 위에 작은 싸마디를 앉혀놓곤 했다. 그의 가족들은 절대 그들의 멋진 돌조각들을 사라고 강요하지도, 내 손에 들린 과일을 싸마디에게 주라고 보채지도 않았다. 그저 나는 그 옆의 작은 식당에서 나오는, 혼자 먹기에 조금 많은 밥을 싸마디를 끌어안고 함께 먹었다. 난(인도 빵)을 싸마디가 제일 좋아한다는 빠니르(치즈의 한 종류) 카레에 찍어서 나 한 입 싸마디 한 입 나누어 먹을 뿐이었다. 밥을 먹고 난 후, 싸마디는 어김없이 내 품 안에서 잠들어버리고 나는 멍하니 싸마디가 깰 때까지 호수를 바라보았다. 인도 사람들은 매일 그를 보러 오는 나를 향해 엄마냐고 놀려댔지만 어쩐지 가슴이 아팠다.

싸마디는 자주 안아달라고 했는데, 안고 걷다가 이내 힘이 빠져 아이를 내려놓았다. 발랄한 싸마디는 장난을 치며 뛰다가 자주 넘어졌는데 온몸에 흙가루나 흙탕물을 뒤집어써도 방긋 웃기만 할 뿐이었다. 넘어진 작은 아이를 안고 돌아가면 그의 어머니는 싸마디를 그대로 호숫가에 담가 옷과 함께 씻겨냈다. 그리고 다시 꺼내놓으면 뜨거운 인도의 햇볕에 바싹 마르곤 했다. 그 때문인지 아이의 볼은 한겨울에 바싹 마른 피부처럼 금방이라도 터질 듯이 거칠었다. 호숫가의 물비린내가 묻은 그를 꼭 안고 바싹 야윈 팔목과 다리, 그리고 너무도 맑은 그의 눈동자를 보고 있으면 괜히 가슴이 시큰해졌다. 볼에 입을 맞추고 또 아이가 내민 입술에 내 볼을 대고, 마구잡이로 난 아이의 기름진 머리를 비비며 꼭 품고 있노라면, 왠지 모르게 가슴이 한없이 편해지다가도 때로는 뜨거워졌다.

우다이푸르를 떠나는 날 싸마디를 보러 갔다. 발걸음이 떨어지질 않았다. 그날따라 왠지 싸마디는 그 맑고 귀여운 웃음을 보여주지 않았다. 싸마디의 손을 꽉 잡고 걷다가 과일을 사 먹었다. 아직 익지 않은 오렌지를 입속에 까 넣어 주니까 조금 신지 싸마디는 얼굴을 찌푸렸다. 그 표정을 보니 문득 이런 생각이 들었다. 나는 앞으로 이 아이를 평생 잊을 수 없겠구나. 우리가 5일 동안 나눈 따뜻한 체온

은 내가 살아가는 내내 삶 속으로 틈틈이 파고들어 오겠구나. 가슴이 적적한 날이면 코끝으로 네 물비린내와 네 쾌쾌한 머리 내음이 풍겨오겠구나. 싸마디를 그의 가족한테 데려다주고 그들에게 나는 떠날 것이라 말했다. 아버지의 손은 여전히 돌조각을 다듬고 있을 뿐이다. 그의 어머니는 나에게 미소를 보냈다.

"우리 싸마디를 예뻐해 줘서 고마워, 잘 가. 한국에서 온 소녀야. 언젠가 다시 와서 더 큰 싸마디를 볼 수 있기를…."

그녀의 말을 듣고 뒤돌아서자 뒤에서 싸마디의 울음소리가 들렸다. 항상 말없이 미소만 짓던 그 아이, 그저 내 볼에 입을 맞춰주던 그 맑은 아이는 나를 쫓아오지도 못한 채 그 자리에서 엉엉 울고 있었다. 마치 세상이 무너지기라도 한 듯, 혹은 부모와 생이별을 하는 머리가 어느 정도 큰 아이가 그러듯. 아무것도 모르는 두 살배기 아이는 세상에서 가장 서러운 모습으로 울었다. 그냥 나아가야 했지만 나도 모르게 뒤돌아서 그를 안아버렸다. 말도 하지 못하는 아이는, 내가 떠남을 공기 속에서 점점 멀어져가는 따뜻한 온도로도 깨달았을 것이다.

아이를 번쩍 들고 내 숙소로 향했다. 언제 울었냐는 듯 맑은 미소를 짓는 아이를 보니 이상하게 눈물이 나왔다. 아이가 좋아하는 콘 아이스크림을 손에 쥐어 주고 잠시 아이를 내려놓고 손을 잡고 걸으며 엉엉 울었다. 싸마디의 코에서 나온 콧물이 아이스크림에 묻으려 할 때 그의 콧물을 내 엄지로 쓱 닦아 주었다. 언제 울었냐는 듯

아이는 그저 배실 배실 웃었다. 단벌신사인 싸마디의 옷에 녹은 아이스크림이 묻었다. 숙소로 들어간 나는 수도꼭지를 틀고 그를 세면대에 앉혔다. 싸마디는 수도꼭지를 처음 보는지 물이 신기한 듯 손을 뺐다 넣었다 하며 장난을 쳤다.

두 시간쯤 지나자 그의 아버지가 싸마디를 데리러 왔다. 내가 버스를 타러 가야 할 시간도 고작 두 시간 남았다. 나는 버스 시간을 기다리며 싸마디가 마지막 미소를 보여준 문밖을 멍하니 바라보았다. 이렇게 싸마디도 나도 추억 속에서 언젠가 바스러지겠지….

그런데 그 이후에도 나는 꽤나 자주 싸마디를 만날 수 있었다.

내가 한국으로 돌아온 다음 인도로 떠난 대학교 선배와 그의 친구는 기차표가 없어서 일정과는 다르게 우다이푸르를 방문하게 되었다고 했다. 나는 며칠 전(싸마디가 아파서 요즘 나오지 않는다는 메시지) 일이 떠올랐지만 아이의 사진 한 장을 보내주며 호수가 근처에 가서 꼭 이 아이를 찾아달라고 했다. 그리고 맛있는 카레 한 끼 같이 해달라고 애원인지 부탁인지 모를 강요를 했다.

반나절 후, 전송되어온 사진 몇 장.

'뭐야, 이거 싸마디 아니야! 싸마디는 더 귀엽다고.'

그새 부쩍 커 있었다. 하지만 사진 속의 아이는 여전히 돌가루로 범벅한 얼굴을 하고 야윈 다리로 일어서 세상을 바라보고 있었다.

싸마디는 듣던 대로 감기에 걸려 아직 나오지 않는다고 했다. 하

지만 선배는 내 이야기를 듣고는 달랑 사진 한 장과 이름 하나 가지고(싸마디는 애칭이었던 것 같다. 싸마디라고도, 쌍칼이라고도 불린다고 했다) 이 아이를 찾았다고 한다. 다행히 그의 아빠를 찾을 수 있었고 싸마디를 찾으려 산속으로 무려 15킬로미터를 더 갔다고 한다. 한 가지 다행인 것은 싸마디에게 집이 있다는 사실이고, 마저 들은 슬픈 사실은 그 집은 집이라고 하기엔 그의 작은 몸마저 지킬 수 없는 천막으로 이루어진 것이라는 것이다.

외국인의 발길이 한 번도 닿지 않은 그 산속 마을에서 싸마디는 여전히 그때처럼 콧물을 흘리고 있었고 친구는 콧물만 흘리며 더 이상 웃지 않는 싸마디에게 내 사진을 보여주었다고 한다. 싸마디는 알 듯 말 듯 한 미소를 지었다고 했고 친구는, 나에게 부탁받은 대로 그 옛날 내가 차마 돈이 아까워 사지 못했던 그의 아버지가 만든 작은 돌조각을 꽤 비싼 값에 사서 돌아왔다고 한다. 우다이푸르에 머물던 내내 그들은 싸마디를 안아주고, 함께 목욕도 시키고, 또 함께 동물원도 가며, 그렇게 또 싸마디를 가슴속에 품어 갔다고 한다.

그 후에도 종종 페이스북 친구 중 누군가 인도로 떠난다고 하면 싸마디 얘기를 했고, 종종 누군가 가슴에 싸마디를 안고 온 덕분에 나는 몇 번이고 커가는 싸마디를 볼 수 있었다.

싸마디의 아빠가 이런 말을 했다고 한다. 많은 사람들이 싸마디를 예뻐해 주어서 많이 밝아졌다고, 싸마디는 덕분에 잘 지내고 있으니 시내도 잘 지내고, 꼭 다시 인도에 와서 싸마디를 다시 안아주길 바란다고.

언젠가 네 작은 몸을 다시 꽉 끌어안을 수 있다면 얼마나 좋을까. 다시 만날 그때까지 지금처럼 예쁘게 자라나 주었으면 좋겠어. 아가야. 영원히 널 기억할게.

혹시 이 책을 읽는 누군가가 싸마디를 보게 된다면 꼭 끌어안아 주기를….

○ 어떤 사람

항상 궁금했다.

인도를 여행하는 사람들은 어떤 사람일까? 그리고 나는 다른 사람에게 어떤 사람이었을까?

여행을 끝내고 돌아와 일상으로 돌아갔을 때쯤, 인도를 여행하던 내가 내 머릿속에서 아스라이 사라져갈 때쯤, 인도 우다이푸르에서 만난 효정 언니로부터 언니의 메시지가 왔다.

인도 여행에서 시내를 만나서 참 기쁘고 다행이야. '나만큼 열심히 산 사람이 없을 거예요'라고 말하던 너의 당당함과 살아온 시간에 대한 자부심, 아이스크림 일곱 개를 먹어치우던 너의 천진함과 어린아이의 때 묻은 손을 꼭 쥐고 뽀뽀하던 너의 자연스러운 다정함에 나는 감동하고 반했단다. 다음에 만나면 반드시 벌떡 일어서서 네 작고 예쁜 몸을 꼭 안아주마.

그리고 태어나길 참 잘했다는 언니의 말에 왈칵 눈물이 쏟아져 나왔다. 우다이푸르에서의 효정 언니, 그리고 인도에서 언니와 함께하던 내가 사무치게 그리워서, 그리고 너무나 빠르게 다시 삶을 되

찾아버린 내가 미워서 울음이 멈추지 않았다.

해가 뜬 지 얼마 안 되었을 때다. 일곱 시가 조금 넘었을까. 100루피라는 저렴한 가격으로 유명한 도미토리 '랄가트 게스트 하우스'로 들어가자 그렇게나 그리워하던 한국 사람들이 보였다. 기쁜 나머지 다짜고짜 말을 붙였다.

"저 정말 배가 고파요. 어디에 가면 무언가 먹을 수 있을까요."

한 여자가 흔쾌히 따라나서 주었다. 창백할 만큼 하얀 피부와 가녀린 몸, 그에 반하는 보이시한 옷차림과 짧은 숏 커트머리. 도무지 나이가 짐작되지 않는 사람이었다. 언니의 진짜 나이는 아직 잘 모르지만 서른이 훌쩍 넘는다고 했고 소녀 같은 겉모습과 달리 눈빛만큼은 어딘가 지독하게 어른스러웠다. 우리는 그날 많은 이야기를 했다. 호수의 바로 앞 낡은 노점에서 파는, 조금은 짭짤한 700원짜리 파스타를 먹으면서.

"언니는 왜 인도에 왔어요?"

"사랑하는 사람과 오기로 했던 곳이어서."

꼬치꼬치 캐묻는 내게 언니는 담담하게 대답했고 깊은 호수 어딘가를 멍하니 바라보는 언니의 눈빛에서 이야기가 흘러나왔다.

8년간의 아름다웠던 사랑.

함께 가기로 했던 약속을 결국 지키지 못한 채,

결국 언니의 그 사람은 언니 가슴속에 묻힌 채로 함께 온 것이다.

종종 언니는 그의 사진을 꺼내어 보곤 했다.

밥을 먹고 돌아오는 길, 뜨거운 여름이었지만 길을 걷는 내내 왠지 겨울 냄새가 났다.

남한테 의지하는 것을 지독하게 싫어하는 내가 언니에게 내 얘기를 훌훌 털어놓을 수 있었던 것은 언니 마음속에 비워둔 공간이 크기 때문인지, 혹은 어딘가 모르게 엄마같이 느껴지는 모습 때문인지 모른다. 야윈 몸에서 나오는 의젓한 모습을 보며 언니를 부러워하면서도 언니에게 인정받고 싶어서 말을 꺼냈을 수도 있다.

"언니, 나는 비록 이런 아이이지만 너무나 치열하게 열심히 살아왔어. 모두가 구김살 없다고, 밝다고, 분명 너는 행복한 삶을 살아왔을 거라고 말하지만 사실은 그게 아니란 것을 에둘러 말하고 싶었어. 사실은 나 이렇게 잘 크느라 정말 힘겨웠어."

아무도 보지 않는 곳에서 분노하고, 울고 원망하며, 증오하던 나를 사랑하기까지 그 시간이 너무나 힘들었기에 절대 들키고 싶지 않다가도 어쩌면 발버둥 치면 누군가는 알아봐 주지 않을까 하는 마음이었을 것이다. 언니에게 대견하다는 소리를 듣고 싶어서, 언니는 모든 것을 알고 나를 꽉 끌어안아주지 않을까 하는 기대에 철부지 아이처럼 다가갔다. 엄마의 젖을 물려고 귀가 찢어지라고 우는 갓난아이처럼.

우다이푸르에서 나는 딱히 하는 것도 없이 오래 머물렀는데 강 건너편에 사는 석공의 아들 싸마디와 놀기 위해서였다. 마른 콧물이 여기저기 묻어 있는 얼굴과 집이 없어 강물에서 대충 씻는 바람에 터실터실해진 피부에 비해 너무나 초롱초롱한 눈빛을 한 아이가 손을 내밀면 차마 잡지 않을 수 없었다. 싸마디를 안고 돌아다니노라면 산책을 하던 언니와 종종 마주쳤다. 언니는 그런 나와 싸마디를 향해 그저 연한 미소를 보여주고는 다시 갈 길을 가곤 했다.

숙소에 오면 누군가 올 때까지 마당에 앉아 있었다. 여기저기 구경하느라 지친 언니가 돌아오면 하루 종일 아무것도 하지 않고 싸마디랑 놀다 온 나는 쪼르르 달려갔다.

"언니, 나 오늘 아이스크림 다이어트 중이에요. 오늘 다섯 개밖에 안 먹었어요. 싸마디랑 뽀뽀했어요! 언니, 언니."

정말 귀찮을 정도로 언니를 불러댔다.

언니는 모든 것을 다 아는지 모르는지 그저 웃으며 "우리 시내 그랬어? 예뻐"라며 응답하곤 했다.

언니를 만나지 않았다면 나는 인도를 어쩌면 그저 스쳐 지나가는 여행지로 여겼을 수 있었겠다는 생각이 문뜩 들었다.

내 인도는, 나의 우다이푸르는, 언니라는 색깔로 채색된, 그런 아프고도 아름다운 곳이었다.

언니에게 꼭 오겠다는 확답을 듣고 나서야 나는 다음 목적지인 조드푸르Jodhpur로 떠날 수 있었다.

가끔 언니랑 같이 밖을 나가기도 했는데,

언니는 항상 말없이 나를 카메라에 담았다.

언니의 카메라 속 나는 그녀의 밝음에 눈이 부셨고,

그를 생각하는 언니를 나는 감히 카메라에 담을 수가 없었다.

○ 기차역 앞 짜이맨

새벽 두 시쯤 되었을까. 짙게 깔린 어둠에 취해 있다가 버스의 급정거와 함께 눈을 떴지만 여전히 어둠만이 나를 반겼다.

"여기서 내려. 여기가 조드푸르야."

"뭐? 분명 아침에 도착한다고 했잖아, 난 혼자라고!"

오전 일곱 시에 도착하기로 한 버스는 난감하게도 훨씬 더 이른 새벽 세 시가 조금 넘은 시간에 조드푸르에 도착했다. 탈 때부터 심상치 않았다. 아홉 시에 도착하기로 한 버스가 열 시가 지나도 오지 않더니 갑자기 도로에서 사고가 났으니 100루피를 더 내고 에어컨 버스를 타라는 것이었다. 대부분의 사람들은 100루피를 더 내고 탔다. 다른 버스회사를 찾아서 물으니 350루피에 가능하고 했다. 나는 사고가 난 것은 내 책임이 아니니 환불해 달라고 따졌다. 한참을 따지자 그들은 나를 끌고 가서 너만 100루피 더 내지 말고 에어컨 버스를 타되 대신 다른 사람들한테는 절대 말하지 말라며 선심 쓰듯 버스에 태웠다. 알고 보니 버스를 탄 사람들 모두가 당한 사기였다. 매일 가짜 사고를 일으키는 이 버스 회사는 나에게는 300루피, 옆자리의 캐나다 남자에게는 800루피를 받는, 양심이라고는 한 톨도 없는 곳이었다.

버스는 그렇게 나를 혼자 낯선 곳에 내려두고는 떠났다. 원래대로라면 이보단 좀 늦은, 이른 아침에 조드푸르에 도착해 바로 숙소로 향할 계획이었지만 이렇게 갑자기 새벽에 도착하니 당황하지 않을 수 없었다. 지금 숙소를 구하러 가자니 이 어둠 속에서 숙소를 찾는 것이 매우 위험할 것 같았다. 그렇다고 바깥에서 노숙하자니 그건 더 위험할 것 같았다. 스산한 날씨와 어둠은 나를 두려움으로 이끌었다. 걷고 걸으니 곧 조드푸르역이 나왔다.

기차역으로 가면 수많은 사람들이 언제나처럼 자고 있을 테니 여기서 동이 틀 때까지 버텨야겠다고 생각했다.

큰일이었다. 화장실이 매우 급한데 배낭을 멘 채로는 도저히 갈 수 없었다. 이러 저리 역 안을 둘러보다가 경찰관을 발견했다. 경찰관을 붙잡고 잠시만 배낭을 봐달라고 부탁했다. 급하게 용변을 보고 나오니 경찰관이 싫은 내색 하나 없이 웃으며 나를 반겼다.

"이 시간에 여기 있는 것을 보니까 기차를 기다리고 있나 보네?"

"아니요, 버스가 글쎄 지금 저를 이곳에 내려준 거 있죠. 어떻게 해야 할지 몰라서 사람 많은 기차역으로 왔어요. 지금 릭샤를 타고 숙소를 찾는 것도 위험할 것 같아서…."

내 사정을 들은 경찰관은 호탕한 미소를 지으며 나를 데리고 역

바로 앞 짜이 가게의 벤치로 가서 앉았다. 해가 뜨는 이른 아침까지 지켜봐 준다고 했다. 나를 보호하는 것인지 기회로 삼아 자신도 새벽의 여유를 즐기려는 것인지 모르겠지만 괜히 마음이 편해졌다. 자리에 앉고 얼마 지나지 않아 인도 아니랄까 봐 또 모두가 나를 보려 모여든다. 잠에서 깬 어린아이, 아빠 손을 붙잡고 있는 열 살 남짓의 소녀, 내 또래의 남자아이 모두 기차역 앞 짜이 가게의 낡은 의자에 앉아 갓 끓인 짜이 티를 들이켰다. 경찰관 아저씨와 담소를 나누며 짜이를 마셨는데 그렇게 꿀맛일 수 없었다. 한 잔 더 한 잔 더 자꾸만 먹다 보니 어느새 세 잔이나 마셨다.

꽤 어려 보이는 소년이 열심히 짜이 티를 만드는 동안 다른 한쪽에 앉아서 놀고 있는 사장님에게 말을 붙였다.

"사장님, 이 가게 짜이가 제가 인도를 여행하면서 먹어본 짜이 중에 가장 맛있는 것 같아요."

"하하, 그럼. 저 친구가 짜이를 꽤나 잘 만들지."

소년을 바라보며 얘기하자 이야기를 알아듣는지 아닌지, 소년은 쑥스러운 듯 웃고는 다시 짜이를 끓이는 데 집중했다.

"사장님, 저 친구는 몇 살이에요?"

"스무 살, 너도 스무 살이라 그랬지? 저 아이는 밤새 하루 열두 시간씩 매일 일하는데 정말 성실한 아이야"

소년이 나와 동갑이라는 소리를 들으니 무언가 알 수 없는 기분에 휩싸였다. 나는 조심스럽게 저렇게 열심히 일을 하면 한 달에 얼마를 받는지 물어보았다.

"5000루피."

귓가에서 계속 맴돌았다. 5000루피….

그 노력의 값은 고작 한 달에 10만 원도 채 되지 않는 적은 금액이었다.

하루의 반, 일하고 잠자는 시간을 빼고 나면 밥 먹고 쉴 시간도 제대로 없을 텐데. 그의 가녀린 어깨가 왠지 더 가녀려 보였다. 고작 여행 때문에 버거워하는 내가 어린아이처럼 느껴졌다. 그래도 그 소년의 미소는 누구보다도 싱그러웠고 순수했다.

경찰관 아저씨는 내 여행에 대해 자꾸 묻고 짜이 가게 사장님은 서랍장 속에 있는 애완용 쥐를 보여주었지만 나는 동갑내기 친구의 어깨와 가는 팔, 그리고 앳된 얼굴과 대조되게 벌써 굳은살이 박여 버린 손에 눈길이 갔다.

머리 위로 그의 삶이 그려졌다.

혼자 사는 것일까. 어쩌면 부양해야 할 동생이 있는 것은 아닐까. 저 아이는 어떤 꿈을 품고 있을까. 생각은 꼬리에 꼬리를 물었다. 인도에서 만난 또래 친구들은, 코치에서 처음 만난 부유한 친구들 말고는, 전부 꿈이 없었다. 꿈이 없다기보다 지금 현재 삶이 다들 좋다고 했다. 심지어 내가 인도에서 본 친구의 꿈 중 가장 큰 것이 자신의 나무 보트를 가지는 것었다. 꿈을 알아볼 기회조차 없는 그들이 서글픈 것일까. 아니면 그들만큼 사소한 것에 행복을 깨닫지 못하는 우리가 서글픈 것일까. 생각하다 보니 날은 밝았고 쌀쌀한 아침 바람이 나의 볼을 스쳤다.

슬픈 영화도 보지 않는 내가 인도에서 진짜 가난과 맞닥뜨렸다.

그들의 삶만큼 나의 가슴도 아파졌다.

○ 로맨틱 블루 시티에서의 열흘 중 하루

인도에 오기 전 가장 궁금했던 곳, 조드푸르. 열여덟 살 때 본 영화 <김종욱 찾기>에 나온 조드푸르는 사춘기 소녀의 감성을 달구기에 충분했다. 눈부시게 파란 조드푸르의 한 건물 옥상에 앉아 서로를 바라보는 공유와 임수정을 보고 나도 꼭 저곳에 가겠노라고 다짐했었다. 복잡한 길, 그들의 옷차림, 대사 하나까지 외울 정도로 영화를 돌려보고 나서 드디어 나는 조드푸르를 만날 수 있었다.

해가 떠오르자 간밤의 쌀쌀함은 흔적도 없이 사라져 배낭의 어깨끈이 닿는 부분이 땀으로 젖은 지 오래지만, 눈이 시릴 것 같이 푸르러서 블루 시티라 불리는 조드푸르의 푸름을 한눈에 내려다보고 싶었기에 언덕을 오르고 또 올라 메헤랑가르Meherangarh성 바로 맞은편, 언덕 꼭대기 숙소에 자리를 잡았다. 혹서기인 인도의 여름이 어느새 다가와서 조드푸르의 기온은 40도 이상이었다. 그 때문인지 '김종욱'은 고사하고 여행자 코빼기도 볼 수 없었다. 게스트 하우스엔 나 혼자였고 오래 머문다는 조건으로 화장실이 딸린 방을 150루피에 흥정해 얻었다. 하지만 어쩐지 하루 고작 100루피밖에 안 하는 옥상 위 야외 침실에 마음이 갔다. 이불이 필요 없는 날씨였기에 별을 이불 삼아 밤마다 마을 전체에 울리는 힌두교 노래를

자장가 삼아 잠들 수 있는 그 침대가 좋아서 시장에 나가는 잠깐을 제외하고는 침대에 앉아 마을을 내려다보며 그 지독한 파랑을 만끽했다.

여느 날처럼 게스트 하우스 옥상에서 쉬고 있는데 건너편 다른 집 옥상에서 꼬맹이들 여럿이 힘차게 손을 흔든다. 숙소 아저씨에게 익히 들어왔다. 옥상 건너편 장난꾸러기 꼬맹이들. 동네의 무법자들, 저 쪼그마한 귀염둥이들은 항상 저런다고 했다. 자주들 놀러 간다고.

"하이하이 컴 컴 마이 하우스."

오늘은 집 밖으로 나가지 않기로 일어나는 순간 마음먹은 날이었다. 꿈쩍도 하기 싫어서 가만히 있는데 꼬맹이 녀석들은 지치지도 않는지 한 시간 내내 외치며 손짓한다. 안 나가면 입술이 잔뜩 나올 기세인지라 문밖으로 나서니 몇 명이 마중 나왔다. 그 모습이 귀여워서 사진 찍으려고 휴대전화를 꺼내 들었더니 자기끼리 발로 차고 때리고 난리다. 여느 한국 꼬맹이들과 다를 바 없다. 불도 안 들어오는 어두컴컴한 계단을 조그마한 고사리손으로 내 손가락을 잡고

힘차게 끌고 올라간다. 방 안에 들어오니 형광등 대신 창틈으로 햇볕이 내리쬔다. 꼬맹이들이 이리저리 외치니 건물의 온갖 사람들이 다 잠옷 바람의 외국인인 나를 구경 하러 모였다. 나는 그들을 찍고 그들은 나를 찍는다. 꼬맹이의 할머니, 엄마, 고모, 여동생, 조카 등 십수 명이 앞다퉈 자기소개를 한다. 예쁘장한 여자아이가 갓 끓인 짜이 한 잔을 내왔다. 인도에서는 남들이 주는 음식 먹으면 절대 안 된다고 누가 그랬는데 거절하기엔 예쁘고 당찬 소녀의 커다란 눈망울이 너무나 압도적이었다.

마살라 짜이(홍차와 우유, 인도식 향신료를 함께 넣고 끓인 음료)는 매워서 못 먹는데 소녀가 준 짜이는 아주 진하게 우린 마살라 짜이다. 망설이며 야금야금 삼켰더니 큰 눈을 껌뻑거리며 묻는다.

"낫 테이스티?"

소녀의 눈망울을 보고 혼날까 봐 무서워 한약 먹을 때처럼 냉큼

코 막고 삼켜버렸다. 듬성듬성 몇 군데 빠져 있는 새하얀 치아를 보이며 미소 짓는 모습이 사랑스러워 볼을 어루만졌더니 눈을 내리깔고 턱을 가슴에 바짝 붙인 채로 쑥스러워한다. 분명 뜨거운 짜이를 원샷하는 내 터프함에 반했으리라. 그러고는 집 밖으로 나섰다. 일 분 거리인데도 혹여 이방인이 길을 잃을까 봐 꼬맹이 대여섯 명이 나를 호위하며 마중 나섰다. 백만 용병보다 훨씬 든든하다.

잠시 숙소에 들러 옷을 갈아입고 나들이를 나섰다. 걷다가 미로처럼 복잡한 골목 탓에 언제나처럼 길을 잃었다. 자세히 보니 어느 여학교다. 몰래 문틈으로 안을 보다가 도시만큼 파란 교복을 입은 소녀와 눈이 마주쳤다. 소녀는 날 보더니 곧장 달려와서 내 손을 붙잡고 안으로 들어갔다. 인기척이 느껴지자 건물 중앙에서 안경을 쓴 꽤나 지적으로 보이는 할아버지가 나를 반긴다. 할아버지가 뭐라고 외치니 갑자기 모든 수업이 중단되고 전교생이 모여든다. 그리고 그들은 아무렇지 않은 듯이 몇 번 사진을 찍더니 다시 제자리로 흩어진다. 날 데려온 아이의 손에 이끌려 한 교실에 함께 들어갔다. 선생님으로 보이는 남자는 나보고 앉으라고 했다. 초등학교 3학년 학생처럼 나도 꼬마의 옆에 앉았다. 아이들은 칠판 한 번, 나 한 번 번갈아 쳐다본다. 공부가 될 턱이 없다.

"내일도 놀러 와요!"

선생님의 인사에 나는 사실은 여기가 어딘지 모른다고 언젠가 다시 길을 잃으면 오겠다고 대답하고 꼭대기에 있는 숙소로 향했다.

옥상 침대에 다시 누워서 이번엔 아래쪽을 살펴보니 또 다른 집의 꼬맹이가 쉬가 얼마나 마려운지 엉거주춤한 움직임으로 간신히 화장실로 들어가는 것이 보인다. 조드푸르에서 꼭 하기로 마음먹은 일이 참 많다. 우다이푸르 헌책방에서 산 책 두 권 읽기, 새로 산 스카프에 스팽글 달아 꾸미기, 예쁜 셀카 한 장 찍기. 그런데 정작 책은 한 페이지밖에 못 읽었고, 스카프는 바늘에 실만 꿰어놓은 상태. 결국 못 지킬지도 모른다. 인도에서의 시간은 참 느리게 간다. 나도 아무것도 하지 않아도 되는 시간을 어느새 조금은 즐기고 있나 보다.

○ 조드푸르에서의 성추행

엄마 손을 잡고 간 영화관에서 머리를 질끈 묶은 채 인도를 방랑하는 임수정을 보았다. 가슴이 급격하게 떨렸다. 영화 속 임수정의 아름다움보다, 사랑에 빠지는 공유의 멋보다도 내 가슴을 뛰게 한 것은 미치도록 푸른 마을 '블루 시티'였다. 화려하지도 또 맑지도 않은 투박한 파란색을 곳곳에 덧입은 모습 때문일까.

실제로 만난 조드푸르는 딱 그만큼이었다. 기대보다 넘치게 아름답지도 모자라지도 않은 담담한 푸른빛의 도시였다. 이곳이 좋았다. 조드푸르가 한눈에 내려다보이는 언덕 제일 꼭대기의 숙소 옥상 침대에서 밖을 바라보다 일어나서 시장에 가는 그런 평범하고 소박한 일상이 좋았다. 왠지 모를 편안함 때문에 머물다 보니 일주일이 넘어가고 있었다. 볼 만한 것들은 다 봤고 시장 사람들과 친해질 지경이었다.

그날도 그런 평화로운 날들 중 하나였다. 언제나처럼 시장에 가서 1킬로그램에 10루피인 토마토를 사서 오는 길에 임수정이 스카프를 사 갔다던, 조드푸르에서 가장 유명한 스카프 가게에 들렀다. 그 가게 사장과 친해져서 맨날 놀러 갔지만 그날따라 사장은 없었다. 이탈리아에서 왔다는 아줌마 손님과 인도인 종업원들이 있을 뿐이다. 열심히 구경하고 있는데 종업원 중 하나가 내 곁에 다가왔다.

"내가 찾는 거 도와줄까?"

"아니, 괜찮아. 그냥 구경하는 거야."

도와주려는 그를 거절했지만 그는 내 곁으로 다가왔다. 무시하고 다시 스카프를 뒤적이고 있는데 뭔가 이상한 기분이 들었다. 등 허리에 한 번 그리고 엉덩이에 한 번 아주 약한 손길이 닿은 것이었다. 드디어 올 것이 왔구나. 인도에 대한 공부는 철저하게 해온 터라 이런 수법은 미리 알고 있었다. 완전히 눈치챌 만큼 만지는 것이 아니라 살짝 스치듯이 여자를 만져서 발뺌하는 유형. 나는 느끼자마자 '돈 터치!'라고 외쳤다. 초보였는지 변명을 하지 않고 '쏘리,' 한마디 외친 후 쿨하게 뒤돌아서는 것이 아닌가. 분명 제대로 된 사과를 받아야 할 상황이었다. 그러나 가게는 평소와 다르게 사장도 없고 해가 지려 하고 있었다. 일단 놀란 마음에 가게를 나온 나는 재빨리 숙소로 돌아왔다. 아무리 생각해도 용서할 수 없었다. 내가 여기서 그냥 이렇게 넘어간다면 모든 여자들이 용기가 없어 말을 못 하는 것인 줄 알고 그놈은 두 번째, 세 번째 대상을 찾을 것이 분명했다. 밤새 생각했다. 한국에선 이런 일이 생기면 나를 도와줄 엄마나 오빠나 남자 친구는 여기에 없다.

이 세상에 오로지 나 혼자 서 있으며 이제 이런 일도 나 혼자 헤쳐 나가야 하는 것이다.

나는 사전을 뒤져 온갖 말을 조합해서 인도와 영어 욕을 밤늦도록 외웠다. 드디어 결전의 아침이 왔다.

가는 내내 내가 할 말을 머릿속으로 되뇌었다.

"네가 지옥의 구렁텅이에 빠졌으면 좋겠어." 중얼중얼 하면서 가게 앞까지 갔지만 막상 가게 안으로 발걸음이 옮겨지지 않았다. 벌써 눈물이 날 것 같았지만 여기서 울면 모든 것이 수포로 돌아가는 것이었다. 가게에는 사장도 있고 어제의 그 종업원도 가게 구석에서 다른 손님을 대하고 있었다. 평소 친하던 사장은 내 굳은 표정을 보고는 무슨 일이 있느냐며 다가왔다. 어제 네 종업원이 나를 만졌어. 나는 사과를 원해! 마음속에는 하고 싶은 말들이 가득 찼지만 입 밖으로 나오지 않았다. 눈물이 흐르려고 해서 천장을 한번 보고 눈물이 메마를 때까지 기다린 후 사장에게 말을 꺼냈다. 어제 그 종업원을 가리켰다. 그를 보자 다시금 분노가 차올랐다.

"어제, 저 종업원이 나를 만졌어요."

"그래?"

예상하지 못한 반응이었다. 발뺌을 하거나 사과를 하거나가 아니라 그 일 자체를 가볍게 넘어가려는 사장의 태도에 나는 당황할 수밖에 없었다. 다시 한 번 용기를 내서 말했다.

"어제 당신 종업원이 내 몸을 만졌고 나는 몹시 불쾌했으니 제대로 된 사과를 받기 원해요."

목소리가 조금 컸는지 가게 안의 모든 사람들과 그 종업원까지 나를 바라보았다. 그는 먼 곳에서 어제처럼 실실 웃으며 "미안"이라며 가벼운 조롱을 나에게 보냈다. 사실 다리에 힘을 줄 수 없을 만큼 후들거리고 있었지만 그것보다 더 큰 분노가 이 상황을 참지 말라고 말했다.

가게를 엎어버리자.

나는 휴대전화를 꺼내 가게와 그 종업원 사장의 얼굴까지 찍으며 소리쳤다.

"두고 봐. 너 이거 한국 사이트에 올리면 어떻게 되는 줄 알아? 모르겠지?"

내 모습을 보고 사장은 종업원을 불러 무어라 말했다. 그 가게는 임수정이 들렀다고 소문이 난 곳이라 주 손님층이 한국인이었기 때문에 내가 이런 일을 인터넷에 올린다면 어떤 상황이 벌어질지 뻔했다. 아까와는 다르게 종업원은 내 앞에서 무릎을 꿇고 사과하기 시작했다. 어제는 정말 미안했다며 마음에도 없는 말을 진지한 표정으로 읊는 것이 보였다. 가게 안의 모든 손님이 이미 내 편인 듯했고, 사장은 불안했는지 그를 꾸중하는 시늉을 했다. 더 어이가 없어졌다. 무개념 종업원보다 가식적인 사장이 정말 아니꼬웠다. 나는 어제 밤새도록 외웠던 말을 외쳤다.

"네가 지옥의 구렁텅이로 빠져버렸으면 좋겠어!"

분명 처음부터 내가 다짜고짜 화만 냈다면 저 말도 조롱했을 것이 뻔하다는 생각을 하니 다시 한 번 부들부들 떨렸다. 담담한 척했지만 말이 목구멍 밖으로 잘 나오지 않았고 말을 할 때마다 떨리는 목소리가 무척 신경 쓰였다. 굳은 표정의 나를 보고 사장은 정말 심각한 상황임을 깨달았는지 어제 내가 샀던 가방 값을 돌려준다며 200루피를 주섬주섬 꺼내서 내 손에 쥐어 줬다.

정말이지 끝까지 나는 이곳을 용서할 수 없을 것 같았다. 받은 그대로 나는 종업원과 사장을 향해 그 돈을 다시 던졌다. 그리고 뒤돌아 나왔다. 돌아서자마자 잔뜩 참아왔던 눈물이 흘러나왔다. 가는 내내 울음이 멈추지 않았다. 친하다고 생각했던 사장이 미웠고 그런 사장을 믿었던 내가 미웠다. 종업원이 미웠다. 인도가 미웠다. 조드푸르가 진짜 미웠다. 혼자서 여행을 하기로 결심한 내가 미워졌다. 사장은 어떻게 알았는지 같은 숙소에 머무는 다른 사람을 통해 연락해서 화를 풀라며 재차 사과했다. 계속해서 눈물이 나왔다. 계속 울고 나니 어딘가 모르게 묘하게 후련한 기분이 들었다. 혼자 힘으로 무언가를 처음 해결했다는 생각이 가슴 어두운 곳에서부터 스멀스멀 몰라왔다.

한국에서의 내가 생각났다. 이런 비슷한 상황을 겪은 적이 있다. 그때 나는 아무 말도 하지 못하고 돌아 나와 그저 엄마에게 이르기만 했다. 결국 엄마가 가게를 뒤엎겠다고 나갔다. 엄마와 같이 갈 수도 있는 상황이었지만 부끄럽고 무서워서 나는 혼자 속앓이를 했었다. 그러나 이제는 다르다.

나는 이 세상에서 혼자 서 있으며 이곳에는 나를 지켜줄 어떠한 것도 없다.

오로지 내가 나를 지켜야 한다. 그리고 나는 결국 이겨냈다. 피하지 않고 맞섰다. 그들의 눈을 똑바로 마주하고 해야 할 말을 했다.

흘려버린 눈물 방울방울은 어쩌면 무서움과 슬픔의 눈물이 아닌, 겁쟁이인 나, 소심했던 나, 당하고 살던 나, 이런 나의 모습 하나하나를 버려내는 그런 성장의 눈물이었을지도 모른다.

○ 티베탄 마을 맥그로드 간즈, 결국에 아프다

인도 여행을 한 지도 한 달이 훌쩍 넘어갔다.

인도 음식은 더럽기로 정평이 나 있다. 나는 어느새 적응해서 음식에 숨어 있는 머리카락을 능청스럽게 빼고 내가 시킨 음식에 변소처럼 앉아 있는 파리 떼를 향해 입김을 불고 아무렇지도 않게 먹는 경지에 이르렀다. 그래도 남들 다 하는 물갈이 한 번 안 하고 씩씩하게 다녔다.

하지만 더위만큼은 도저히 참을 수 없었다. 인도 여행의 백미라는 북인도의 라자스탄Rajasthan 주는 40도를 아무렇지도 않게 넘나들었다. 조드푸르에서는 그 더위가 더욱더 무거워져 42~43도만 돼도 외출할 수 있음에 감격했다. 지나친 더위에 자칭 여름 마니아이자 더위 자체를 즐기는 나마저도 따가운 햇살에 지쳐 선풍기에 누워 배를 훌떡 까고는 하루 종일 뭉그적거리곤 했다.

'아, 이제 피난을 가야 할 때가 왔구나.'

생각이 들자마자 짐을 싸서 장장 이틀에 걸쳐 히말라야산맥이 빼꼼하고 보이는, 티베트 망명정부가 있는 '맥그로드 간즈Mcleod Ganj'로 향했다.

조금 숨만 쉬고 코를 닦아도 까만 먼지가 시커멓게 묻어나는 슬리퍼 기차를 열 시간이 넘게 타고, 잠깐 델리에 내려 밥을 먹고, 기다리다가 씻지도 못한 채 좌석이 좁디좁은 로컬버스를 타고 험난한 산길을 또 열몇 시간 올라가야 했다. 가는 길부터가 고행이었다. 그 험난한 산길을 슬리핑 버스가 아닌 로컬버스를 타고 쪼그려 앉아서 간다는 말에 다른 여행자들은 치를 떨었다. 하지만 가진 것 없는 여행자에게 300루피 차이는 너무나 컸다. 해는 지고 좁은 버스에는 더 이상 앉을 데도 없어서 다리에 쥐까지 나버렸다. 잠시 산간 화장실에 버스가 멈춘 사이 버스 맨 뒤에 배낭을 와이어 자물쇠로 꽁꽁 묶어 놓고 화장실을 다녀왔다. 그 와중에 고작 열세네 살쯤 되어 보이는 아이가 버스 뒷문으로 올라타 내 가방을 가져가려 하고 있었다. 정말 인도가 이제는 지긋지긋하다 못해 정이 떨어질 지경이었다.

"짤로 짤로!"

짜증 가득 담긴 목소리로 아이에게 외치자마자 아이는 도망치듯 튀어 나갔고, 어차피 자물쇠를 걸어 놓았던 나는 '이제 이런 일쯤이야,' 하고 넘어갔다. 밤은 점점 깊어갔다. 잠이 들려 치면 흙길에서 튀어나온 돌들 때문에 버스와 함께 몸도 통통 튀어 올랐고, 겨울옷 하나 없던 나는 고도가 높아짐에 따라 한기를 느끼기 시작했다.

어두운 버스 안에서 최선의 방어책으로 몸을 잔뜩 웅크렸다. 나는 이 조그만 자리 하나에 의지해 몸을 웅크리고 있는데 이미 길게 누워버린 옆자리 아저씨의 발은 계속 나를 치대고 묘한 냄새는 도저히 잠을 잘 수 없을 만큼 괴롭혔다.

이른 새벽 다람살라Dharamshala에 내려 가져온 레깅스를 하나 껴입고서는 또 버스를 타고 가서 맥그로드 간즈에 도착했다. 몸은 이미 내 몸이 아닌 듯 피로했지만 청량한 공기와 먼발치로 보이는 색색의 깃발들, 산 너머로 보이는 눈 가득 쌓인 히말라야산맥에 몸이 저릿저릿했다.

고막을 터트리기라도 할 듯이 빵빵거리는 릭샤도, 아무렇게나 똥을 싸질러대는 소들도, 나를 뚫어져라 쳐다보는 인도인의 시선도 이곳에는 없었다. 나와 같은 생김새인, 그러나 전혀 다른 티베트인들

이 사는 곳이었다. 그리고 달라이 라마Dalai Lama를 볼 수 있는 엄청난 곳이었다. 무거운 배낭을 메고 세 시간에 걸쳐 숙소를 잡고 한숨 자고 일어나 거리를 거닐었다.

그런데 참 이상했다.

어디에서나 뽈뽈거리며 돌아다니는 것이 특기이자 장기인 내가 조금만 걸어도 숨이 차고 머리는 지끈지끈 온몸이 축 늘어지며 심지어는 식욕마저 사라졌다. 싼 숙소를 찾으려고 세 시간을 헤매다가 결국 길가에서 내 몸속 모든 것을 비워내 버렸다.

고작 해발 2000미터지만 등산 경험조차 별로 없는 나에게 고산병 증상이 왔으리라고 어림짐작했다. 아픈 적이 별로 없었기에 어떻게 해야 할 줄 몰랐고, 혼자라 더욱 서러웠다. 엄마의 푸근한 체온이 몸서리치게 그리웠다.

따뜻한 차라도 마시면 나아질까 싶어 차를 몇 모금 마시다가 친해진 티베트 아줌마에게 병원이 어딘지 알려 달라고 했다. 아줌마는 일본에서 일하는 자신의 딸도 비슷한 또래라며 비슷한 생김새인 나를 보더니, 노란 얼굴이 걱정되었는지 걱정하지 말라며 두르고 있던 숄을 내 몸에 둘러주고는 내 손을 잡고 아줌마의 체온으로 따스하게 데워진 집으로 나를 데려갔다.

내 방보다 작은 집은 개들과 아줌마 그리고 내가 들어서자 꽉 차 버렸다. 아줌마는 고산병 약을 내게 쥐어 주고는, 쓰겠지만 꼭꼭 씹어 먹으라며 조금은 근엄한 얼굴로 나를 바라보았다. 아줌마의 채근에 겨우 약을 씹어 삼키고 나니 언제 준비했는지 직접 생강과 레몬으로 끓인 따끈따끈한 진저 레몬티를 쥐어 주었다.

약을 먹고 차를 마시자 몸이 축 늘어지며 졸음이 밀려왔다.

염치없지만 도저히 숙소로 돌아갈 자신이 없어 아줌마네 침대에서 십 분만 자도 되냐고 물었다. 아줌마는 딸을 돌볼 수 있어서 기쁘다며 새털같이 가볍고 맑은 미소를 지어보였다.

잠깐잠깐 깨는 사이에 그녀의 손길과 개들의 따뜻한 체온이 나를 달랬다.

아줌마의 손길과 함께 몇 시간을 잠들었고 놀랍게도 몸을 움직일 수 있을 만한 기력이 생겼다. 체크인 시간 때문에 촉박하게 떠나야 하는 상황이었다. 아줌마에게 급하게 감사 인사를 전했더니 그녀는 서두르는 나를 잠깐 꼭 끌어안고는 나를 만나서 참 행복하다고 말했다. 냉장고에 사진이 잔뜩 붙어 있지만 오랫동안 딸을 보지 못했는데 보살펴주지 못한 미안함을 덜어내게 해줘서 오히려 고맙다고 했다.

훗날 여행에서 돌아온 지 한참 지난 후 아무 준비도 하지 않은 채 모 매체 기자님에게 인터뷰를 하러 간 적이 있다. '시내 씨는 여행 중에 가장 행복했던 순간이 언제였어요?'라는 질문을 받았는데 문득 이 일이 생각났다. 아팠던 일이 가장 행복했던 순간이라니, 어쩌면 아주머니는 내 몸뿐 아니라 내 지친 마음을 간호해준 것이 아닐까 하는 생각이 든다.

시동이 잘 걸리지 않는 낡은 릭샤를 모는 아저씨. 그는 가슴팍에 '한일상사'라는 마크가 박혀 있는 남루한 공장 점퍼를 입고 있었다. 반가운 마음에 아저씨에게 그것에 대해 말해주자 그는 뿌듯해하며 크고 좋은 회사냐고 물었다. 아저씨의 눈동자는 생일날 어린아이의 그것과 같았다. 짐짓 고민하다 나는 답했다. "물론, 아주 좋고 유명한 곳이에요." 아저씨는 싱글거리며 먼 거리를 단숨에 내달렸다. 낡은 공장 점퍼는 어쩌면 그를 미소 짓게 하는 가장 멋진 슈트였으리라.

○ 바라나시, 열 살의 성인

인도 여행이 끝나갈 무렵 남은 2주만큼은 바라나시Varanasi에 진득하게 묻혀 있겠노라고 마음먹었지만, 오밤중에도 40도가 넘는 더운 날씨 탓에 바라나시의 수많은 상점들도 문을 닫고 어디론가, 이를테면 네팔 같은 시원한 곳으로 떠난 탓에 쓸쓸한 느낌마저 들었

다. 맥로드 간지부터 여러 날을 함께 보냈던 제니 언니까지 다른 나라로 떠났고 뜨거운 햇볕과 강가에서 더운 열기를 내뿜으며 타고 있는 시체는 나를 내쫓는 것만 같았다.

역마살 제대로 쓰였는지 혹은 북인도 사람들에게 지쳤는지 나는 많이 알려지지 않은 동쪽의 해변가 푸리Puri로 향하는 기차 티켓을 샀다.

22시간 동안 더위와 먼지를 뒤집어써야 하는 가장 낮은 등급 슬리퍼칸을 탈까, 만 원을 더 내고 시원하고 쾌적한 3AC를 탈까 고민했지만 결국 고른 것은 슬리퍼칸이다(나를 보고 다른 여행자들이 혀를 찬다. 그놈의 만 원은 한국에서 아무것도 아닌데).

적응되고 좋아지려고 하면 그 도시를 훌쩍 떠나는 게 아쉽기도 하고 아련하기도 해 표를 살 때마다 쓸쓸한 마음이 들곤 했는데 이번은 아니었다. 그저 어서 빨리 바라나시를 뜨고 싶을 만큼 감동도, 내가 향유할 수 있는 그 어떤 것도 없었다. 인도에 지칠 만큼 지쳐 있었다. 무작정 북인도를 떠나 사람이 없는 곳으로 가고 싶은 마음뿐이었다. 악명의 델리를 거치며 틈만 나면 사기 치려는 인도인이 싫었고 틈만 나면 성희롱과 조롱을 하려 드는 인도인을 방어하려고 갈잖은 주먹을 꺼내 드는 나 자신이 불쌍했다.

부리 없는 독수리가 된 느낌이었다.

유유자적하는 듯 보이지만 누군가 다가오려 하면 쪼아버릴 듯한 독기 어린 눈빛을 날리며 부리가 없음을 들키지 않으려 애썼다. 두 달 새에 내가 바라지 않던, 그렇게 되길 원하지 않던, 어른이 된 것 같았다. 글은 나를 속일 수 없기에 잔뜩 커버린 나를 감추고 싶어서 일기도 쓰지 않았다.

표를 사고 가트Ghat(강으로 이어진 계단)로 돌아와 해 질 녘의 갠지스강을 멍하니 바라보았다. 사진을 찍어도 된다는 인도인에게 잔뜩 인상을 구겨주고, 이어폰을 양쪽 귀에 꽂고는 그저 강을 바라보았다. 갠지스강물에 몸을 씻으며 속죄하는 아낙네를 보았다. 여기저기서 말 거는 보트 맨들을 외면하고 내 감상이 방해받지 않을 곳으로 걸음을 옮겼다.

그때, 가트 앞 다 부서져가는 나무 의자에 앉아 있는 꼬마가 보였다. 꼬마는 더 작은 꼬마를 안고 세상에서 가장 밝은 미소를 짓고 있었다. 꼬마는 더 작은 꼬마의 얼굴에 가득 묻은 까만 때를 아랑곳하지 않고 너무나도 사랑스러운 표정으로 입을 맞추었다. 갑자기 마음이 시려 아이의 옆에 앉았다.

일주일은 족히 감지 않았을 머리, 신발이 없어 새까매진 발, 원래는 흰색이었을 회색 얼룩의 셔츠. 가난의 표상이었다. 그의 동생은 다운증후군을 앓고 있었다.

여행 도중 돈을 달라고 '10루피 디지에(십 루피만 주세요)'라 외치며 나를 붙잡는 수많은 인도 꼬마들은 철저히 외면해왔다. 내가 만약 십 루피를 준다면 그들은 인생이 끝나가는 순간까지 그 말을 하며 살 것 같았기 때문이다.

"안녕 꼬마, 엄마 아빠 어디에 있니?"

"노 마미, 노 파파."

큰 아이는 파파 마마는 저기 있다며 갠지스강의 끝을 가리켰다.

마음이 아렸다. 꼬마의 손을 붙잡고 작은 꼬마를 번쩍 안은 채로 근처 식당으로 데려갔다.

짜파티 네 장과 빠니르 카레를 시켰다. 아이는 이런 가게가 처음인지 고개를 휙휙 저으며 잔뜩 들뜬 얼굴로 식당과 나와 카레와 동생을 번갈아 보며 미소를 지었다.

열 살배기 꼬마와 장애를 가진 두 살 아기에게 싸구려 밥을 사주며 가슴이 따뜻해졌다. 돈을 지불하는 것은 내 행복에 대한 값을 지불하는 거라 생각하며 아이가 먹는 모습을 그저 지켜보았다. 짜파티에 따뜻한 빠니르를 감싸 동생의 작은 입에 넣어주고 자신도 한 입 그저 말없이 먹었다. 식당 내에는 이루 말할 수 없는 따뜻한 분위기가 감돌았다.

그때였다. 꼬마의 동생이 울부짖더니 그 자리에서 오줌을 지렸다. 꼬마의 만찬을 방해하고 싶지 않았던 나는 급히 휴지를 꺼내 흘러내린 오줌을 닦았고 간신히 해결되는 듯했다. 그런데 아기는 그 자리에서 그만 설사까지 하고야 말았다. 얇은 잠옷 바지 위로 배변물이 쏟아져 나오고 무얼 먹었는지 지독한 냄새를 풍겼다.

당황한 나는 그저 꼬마를 쳐다보았다. 꼬마는 씩 웃더니 휴지를 꺼내 들고서도 차마 어쩌지 못하는 내 손을 거두게 한 후 동생을 번쩍 안아 들었다.

사람들은 얼굴을 찌푸렸다. 순간 기저귀조차 사지 못하게 하는 그의 가난이 원망스러웠다. 값을 지불하고 똥 범벅이 된 동생을 끌어안은 꼬마의 뒤를 쫓았다. 씩씩한 걸음으로 어둠을 헤치고 강가로 향한 그는 더러워진 아기의 바지를 벗기고 아기를 편한 자세로 들어 올린 뒤 강물로 아기의 온몸을 깨끗이 닦아냈다. 그러고 도저히 씻어질 것 같지 않은 바지를 거두어 강물에서 온 힘을 다해 빨래를 하고는 여전히 울고 있는 동생을 다독이며 도로 바지를 입혔다. 그동안 나는 아무것도 할 수 없었다. 그저 멍하니 밝은 미소로 동생을 돌보는 꼬마를 바라보았다. 똥이 더러워서일까, 다른 사람들의 시선이 창피해서였을까. 내 값싼 동정심이 너무나 부끄러워 소년의 얼굴을 똑바로 쳐다볼 수 없었다. 그는 아기의 엄마 같았고 나는 아무것도 모르는 철없는 아기의 형제가 된 듯했다.

대견해서 머리를 쓰다듬는 나를 보며 꼬마는 또 밝은 미소를 보내며 "미, 베이비 마미, 노 마미" 한다.

인도에서 받은 자잘한 상처들이 아물고, 동정인지 감동인지 모를 가슴속 뜨거운 무언가가 내 눈시울을 붉혔다. 그리고 내 반 토막도 안 하는 꼬마에게 안겼다.

갠지스강의 열 살 꼬마는 성인이었다.

성인이고 성인이었다.

성자들의 세계라는 인도에서 처음으로 만난 성자였다.

잔뜩 자만해진 꼬마 여행자인 나를 꾸짖었고

또 다독였다.

세상에서 가장 큰 꼬마였다.

그렇게 나는 꼬마를 뒤로하고 자리를 떠났다.

해가 지고 어둠으로 뒤덮인 강가를 멍하니 바라보았다.

뜨거운 강바람이 내 얼굴을 붉게 만들었다.

○ 바라나시 소년의 작은 연

여행을 하다 보면 시간이 유독 느리게 가는 동네가 있다.

굳이 무언가를 보지 않아도, 딱히 무언가를 하지 않아도, 이상하리만큼 마음이 꽉 차 있는 그런 곳. 시간과 타인의 시선에 쫓겨 조급한 삶을 살던 나는 이곳에서 사라진다. 온전한 내 존재 자체가 천천히 흘러가는 삶과 마주한다. 바라나시는 그런 곳이다.

그럼에도 너무나 바라라시에 지쳐 있던 내가 푸리로 떠나기로 한 날 저녁이었다.

마지막으로 갠지스강에서 지는 해를 바라보고 싶어 전날 만난 일본인 친구 유키와 함께 유키가 묵는 숙소 옥상으로 향했다. 숙소에 살던 커다란 개도 우리를 따라 느릿하게 옥상으로 올라왔다. 일몰을 기다리며 우리는 앉아서 그저 멍하니 바라나시의 하늘을 바라보고 갠지스강의 향기를 맡았다.

강 건너편 하늘에서 종이 연 하나가 두둥실 떠올랐다.

연은 바람을 타고 날아와 옥상에 멍하니 앉아 있던 우리와 마주했다. 실을 따라 시선을 옮겨보니 건너, 건너, 건너, 건너, 건너, 건너 건너집으로 추측되는 낡은 집 옥상에 한 꼬마가 서 있는 것이 보였다. 한 손으론 실타래를 잡고 한 손으로는 우리를 향해 야윈 팔을 힘차게 흔들어댔다. 우리도 힘차게 팔을 흔들어 주었다.

"나마스떼~"

산을 향해 야호라고 함성 지르는 사람들처럼 나는 꼬마에게 우렁차게 인사를 건넸다. 내 인사는 어떠한 메아리도 없이 자박자박 바람을 거슬러 건너, 건너, 건너, 건너, 건너, 건너 건너를 향해 갔다.

갑자기 휭 하고 센 바람이 불었다. 어느새 우리 뒤편으로 온 꼬마의 조잡한 연이 툭 하고 부딪혀 팽그르르 떨어졌다. 우리 바로 앞에 있는 실을 따라가 보니 연은 우리가 있던 건물 뒤편으로 넘어간 듯했다. 먼 곳에 있어 잘 보이지도 않는 꼬마의 시무룩한 표정이 왠지 보이는 듯했다.

"조금만 기다려."

우리는 종이 연 구조 작전을 펼쳤다. 아무리 당겨도 연은 무언가에 걸려 끌려 올라오지 않았다. 너무 세게 당기면 실이 끊어질 것 같았다. 옥상 한쪽에 널브러져 있던 사다리를 끌고 와서 유키에게 꼭 잡아달라고 말한 후 물탱크 위로 올라갔다. 건너편 집 옥상에 걸려 있는 연이 보였다. 꼬마의 안전부절한 마음이 바람을 타고 날아와 느껴졌다.

곧장 내려가 옆집 문을 두들겼다. 노부부가 나를 반겼다. 손짓 발짓으로 연을 구하러 옥상에 가야 한다고 했지만 알아듣지 못하는 눈치였다. 하지만 간절한 눈빛이 통했는지 그들은 낯선 방문자인 나에게 선뜻 문을 열어 주었고 재빨리 옥상에 엉켜 있던 연을 풀어냈

다. 건너편에 있던 유키가 잡아당기니 연은 사뿐히 바람을 타고 유키에게로 전해졌다. 왠지 꼬마의 표정도 밝아진 것 같은 기분이 들었다. 유키와 내가 연을 놓자 꼬마는 다시 얼레를 잡고 연을 힘차게 당겼다. 연은 하늘을 살랑살랑 떠다녔다. 꼬마는 우리에게 무어라 소리쳤다. 고맙다는 소리 같았다.

어느새 해는 지고 없었다. 기차 시간이 얼마 남지 않았다. 꼬마에게 작별 인사를 하자 꼬마 역시 손을 흔들어주었다. 연은 여전히 하늘을 유영했다.

말 한마디 나눠보지 않은 작은 소년은 내 기억 속에서 언제나 연을 날리며 살아갈 것이다. 꼬마가 나중에 설령 나쁜 사람이 되어도 혹은 늙은 할아버지가 되어도 내 기억 속 꼬마는 언제나 순수한 소년인 채로 나에게 따뜻한 미소를 보내겠지. 그리고 나 역시 꼬마의 기억 속에서 영원히 스물둘의 여행자로 남아 떠돌고 있을 것이다. 어쩌면 짙은 세월의 무게와 함께 내 기억도 저 발밑으로 사라져갈지도 모른다. 여행이란 그런 것이니까.

그날 저녁 푸리로 향하는 밤기차에서 눈을 감자,

나는 소녀가 되어 소년과 함께 갠지스강 건너의 흙길을 달리며 힘차게 연을 날렸다.

○ 디디, 내 누나가 되어줘!

밤 여덟 시에 기차에 올라탔다. 잠자고 과자 먹고, 나를 쳐다보는 시선들을 잔뜩 씹어 먹다 다시 자고, 일어났다가 물을 잔뜩 들이켜곤 또 잤다. 아무리 시간을 때우려 해도 도통 시곗바늘은 움직이려 하지 않았다. 대화를 나눌 상대조차 없었다. 일부러 투어리스트 쿼터로 끊었는데(인도의 몇몇 기차역에서는 여행자끼리 자리를 붙여주는 투어리스트 쿼터를 판매한다) 말이다. 뜨거운 눈빛을 가졌지만 영어는 단 한 마디도 못하는 인도 남자 다섯 명만이 나를 쳐다보고 있었다.

목적지 푸리까지는 21시간, 그리고 현재 인도는 혹서기, 체감온도 45도에 습한 기운까지 더해져 모두 에어컨 칸으로 피신을 했으리라. 기차를 타기 직전에 동국대에서 공부를 했다던 인도 남자 선재를 만났는데, 어쩐지 날 그렇게 말리더라. 지금 날씨에는 인도인들도 슬리퍼 클래스는 안 타고 3AC 칸을 탄다고. 분명 나는 더위 때문에 죽으리라고. 시원한 바람이 창을 통해 파고드는 밤기차와는 다르다고.

나는 가볍게 코웃음을 쳤었다.

'아니, 인도 기차 짬밥이 얼마인데 그깟 더위가 두려울까.'

내 자만을 깔아뭉개기라도 하듯 낡은 선풍기마저 정전 탓에 멈춰

버렸다.

바닥에는 어김없이 엄지손가락만한 바퀴벌레가 기어 다니고 오물이 잔뜩 묻은 내 자리에 무임승차한 인도인들이 비집고 들어온다. 그새 기차는 태양열에 점점 달궈졌고 나는 정신이 혼미해져 흡사 찜질방에 있는 듯했다. 땀국물이 줄줄 흘러 내 입을 파고들었다. 입술을 넘어 혀까지 적신 땀국물 때문에 '엄마가 해준 계란탕이 참 짰었는데…' 하고 한국에서 경험했던 기억의 편린마저 머릿속을 파고들어 왔다.

도저히 안 되겠다 싶어 잠깐 기차가 멈추었을 때 분신 같은 아이패드를 꼭 끌어안고 잽싸게 콜라를 사서 돌아왔다. 돌아왔을 땐, 처음 보는 꼬질꼬질한 아이가 건너편에 앉은 아저씨에게 큰소리를 듣고 있었다. 돌아가는 상황을 보아하니 무임승차를 하러 들어온 꼬마 애가 여기저기 엉덩이 붙일 만한 자리를 찾다가 꾸짖음을 듣는 것 같았다. 꼬마는 자신을 본다는 것을 깨달았는지 내 눈치를 살폈다. 나는 개의치 않고 꼬마의 행색을 꼼꼼히 뜯어봤다.

발은 맨발로 다녀서인지 먼지와 살 부분이 분간 가지 않았고 너덜너덜한 건빵 주머니가 달린 반바시 오른쪽은 한 뼘 넘게 찢어져 있었다. 머리는 바깥에서 살아가는 아이답게 햇볕을 쬔 갈색빛이 감돌았다. 똘망똘망한 눈빛은 다소 영악해 보이기까지 했다. 들썩거리는 입가는 '나는 장난기가 많은 아이랍니다'라고 말하는 듯했다.

"헤이, 아가. 너 어디 가니?"

"푸리!"

“좋아! 내 옆에 앉아.”

마침 우리 열차 칸의 사람들은 대부분 종착지인 푸리 역에 가기 한참 전에 내렸기에 난 아이를 흔쾌히 옆으로 데려왔고, 주변 사람들에게는 그들이 나에게 하듯이 ‘노 프라블럼’이라고 외쳤다.

아이패드를 꺼내 유일한 인도 영화 〈세 얼간이〉를 틀어 꼬마에게 쥐어 주고 귀에 이어폰도 꽂아주었다. 선의라기보다 말이 많을 것처럼 보이는 꼬마와 말을 나눌 힘 따위 없을 만큼 지쳤기에 ‘너는 이거나 봐라, 나는 잠이나 잘 거다’라는 자포자기의 심정이었다.

그런데… 귀를 막아도 어찌나 말이 많은지!

“우리 형도 누나랑 똑같은 기계 있어! 태블릿.”

“그으래(거짓말이 분명하겠지)? 형은 어디에 있고 너 혼자 푸리까지 가니?”

“우리 가족이 푸리에 살거든 방학이라 이제 집에 가는 거야.”

“혼자서? 대단한데.”

대꾸를 해주니 신난 아이는 질문을 던지기 시작했다.

“누나 이름은 뭐야?

누나 엄마 이름은 뭐야?

누나 친구들 이름은 뭐야?

누나의 집 주소는 뭐야?

누나 옆집 사람의 이름은 뭐야?”

수십 개의 반복적인 질문에 지쳐서 “누나 이제 쉴 거니까 말 걸지 마! 더워서 말하는 것도 힘들어”라고 냉정히 말하고 창 쪽에 등을 대고 꼬마를 바라보는 방향으로 다리를 펴고 앉아 있다가 스르륵 잠이 들었다.

간간이 깨는 도중 보이는 것은 조금도 보탬이 안 되는 싸구려 부채로 땀을 뚝뚝 흘리는 나에게 부채질을 해주고 있는 꼬마의 얼굴이었다. ‘아, 저런 거 해봤자 전혀 도움이 안 되는데. 그나저나 사우나에서 오래 버티기 기네스북 수상자는 이런 기분이었을까? 정말 지나치게 덥다’ 하고 생각하며 다시 잠이 들었다.

한 시간 남짓 잠들었을까. 소란에 잠이 깼다. 원인은 내 아이패드의 배터리가 다 돼가자 주변에서 지켜보던 어른들이 이제 되돌려주는 것이 좋지 않겠냐며 아이를 또 꾸지람한 것이었다.

참 오지랖도 유분수지. 인도인들은 오지랖으로 둘째가라면 서러운 나보다 언제나 한참 앞서 나갔다. 그런데 꼬마의 손에 들린 내 아이패드 상태를 보니 이제 돌려받아야 할 것 같긴 했다. 가죽 케이스에 검은 손때가 덕지덕지 묻어 있었고 받아든 이어폰에는 정체불명의 찐득이는 갈색 액체가 묻어 있었다. 범인은 꼬마의 귀였다. 한 번도 귀 청소를 하지 않은 귀에 들어갔던 이어폰은 더위가 녹인 때와 어우러져 갈색의 아름다움을 뽐내고 있었다.

'이 녀석' 하려는데 아빠 다리를 하고 앉은 꼬마의 발이 눈에 띄었다.

풉하고 웃음이 나왔다.

"저기 꼬마야. 네 발 사진 찍어도 될까?"

"물론이지, 잠깐만."

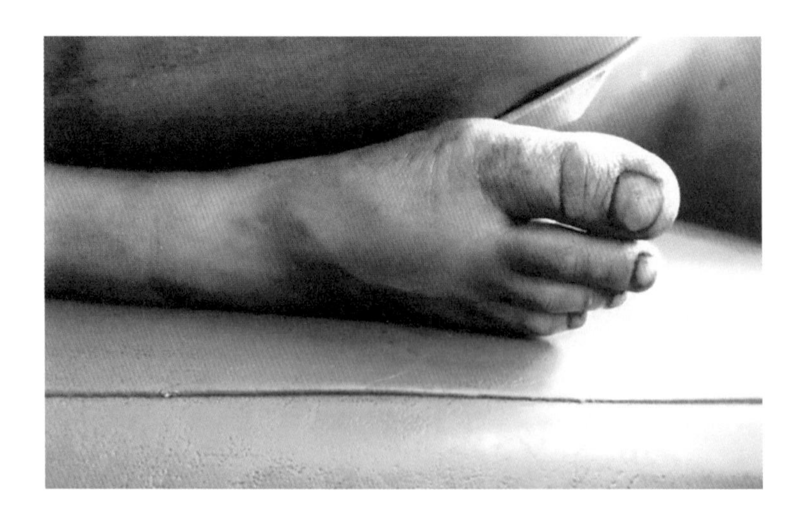

나는 경이로울 정도로 지저분하며 앙증맞은 발을 찍고 싶었다. 흔쾌히 허락하고 잠시 후 돌아온 꼬마는 기차 내 세면대에서 씻고 왔는지 물방울이 뚝뚝 떨어지는, 자신이 보기엔 나름 깨끗한 발을 쑥 내밀었다. 그 투명한 마음이 또 한 번 날 간지럽혔다.

시간은 흐르고 도착 두세 시간 전이 되자 모두가 떠나고 기차 안에는 꼬마와 나만이 더운 기운보다 더 뜨거운 날숨을 뱉고 있었다.

그때, 잠시 정차한 작은 역에서 꽤 사나운 인상의 남자 세 명이 타더니 내 옆에 한 명, 꼬마 옆에는 두 명이 앉았다. 아니 이 텅 빈 기차에서 가뜩이나 더운데 왜 이쪽에 앉을까.

외국인인 내가 신기해서 그런 것이겠지. 신경 쓰지 않고 꼬마와 눈의 대화를 나누고 있는데 꼬마의 인상이 잔뜩 구겨졌다.

"디디(누나), 띠프띠프."

꼬마는 나지막하게 나에게 읊고는 잔뜩 의젓한 눈빛을 내뿜더니 내 보조 가방의 살짝 열린 지퍼를 채워주고 씩 웃었다.

그들은 설마 꼬마가 자신들의 계획을 나에게 말하리라 생각지 않은 듯했다.

왠지 눈빛부터 마음에 들지 않는 남자들이었다.

"헤이, 너 표 좀 보여줄래?"

"노노노, 노노."

"티켓! 트레인 티켓!"

말 없던 내가 큰소리를 치자 당황한 삼인방은 지갑을 한참이나 뒤지더니 꼬깃꼬깃한 종이 면허증을 꺼내 들었다.

"노, 잇 이즈 아이디 카드! 쇼 미 더 티켓!"

잔뜩 험상궂은 얼굴로 째려보자 삼인방은 당황했고 나는 검표원 부르기 전에 꺼지라고 외치며 꼬마의 손을 끌어당겨 내 옆으로 앉혔다.

"디디! 배드보이 배드보이!"

그들은 정말 도둑이었는가 보다. 아무 짐도 없이 기차에서 고이 내린 어리숙한 도둑 삼인방은 곧바로 건너편에 서 있는, 반대로 가는 기차에 올라타 기차 안을 휘저으며 다녔다.

나는 나를 구해준 꼬마에게 고마움을 전하는 표시로 기차에 파는 시원한 오이 두 개를 사주었다. 아삭아삭 소리를 내며 먹다가 거절하는 나에게 계속해서 남은 오이 하나를 권하던 아이는 내게 물었다.

"디디, 나도 어른이 되면 누나처럼 여행할 수 있을까? 누나가 사는 나라에 놀러갈 수 있을까?"

현실적으로 개발도상국에서 신발마저 없이 사는 이 가난한 꼬마 아이가 어른이 되더라도 비행기 표를 살 돈조차 모으기 힘들다는 것을 알기에 대답하기가 참 힘들었다. 조드푸르에서 봤던 짜이 소년이 생각났다. 인도의 가난한 이들의 한 달 월급은 5000루피. 10만 원도 되지 않는 돈으로 꿈을 이루어가기는 버겁다. 아이의 앞에서 괜히 이성적인 사람이 되는 것 같아 생각하기를 관두었다.

"물론이지! 원하는 것은 다 이룰 수 있어. 한국에 오기만 한다면 누나가 다 구경시켜 줄게! 우리 집에 남는 방이 있으니 거기서 머물러도 좋아."

혹여 아이가 내 말을 담아두었다가 현실의 벽에 부딪혀서 자신에게 거짓말을 했던 이 누나를 잔뜩 미워하지 않을까. 초연한 자세의 꼬마 뒤로 작고 여린 그림자가 아른거렸다.

기차는 푸리에 도착했고 나는 꼬마에게 혹시나 훌륭한 어른이 되어서 우리나라에 오게 된다면 연락하라며 종이에 이메일 주소를 적어 손에 쥐어 주었다. 꼬마는 종이를 두 번 꼼꼼히 접어서 바지에 달린 건빵 주머니에 넣고는 자신은 누나를 배드 보이로부터 지켜야 한다며 결국 기차에서 내려 릭샤를 탈 때까지 쫓아다녔다. 심지어는 누가 나를 쳐다보기만 해도 '배드보이'라고 외쳤다.

가는 도중 꼬마는 한 기차 짐꾼에게 반갑게 인사했는데, 그는 아이패드를 잔뜩 가지고 있다던 꼬마의 형이었다.

나는 게스트 하우스로 가려고 사이클 릭샤에 올라탔다. 도통 내 곁을 떠나지 않는 꼬마에게 얼른 집에 가라며 인상을 아무리 찌푸려도 꼬마는 내게 안녕을 고하지 않았다.

달리는 릭샤와 함께 꼬마도 달렸다.

십 분이 지나고 이십 분이 지나도 꼬마는 달렸다.

나와 릭샤를 앞서기도 뒤서기도 하다가 종종 "디디"라고 외치며 자신의 존재를 표시했다.

땀에 젖은 꼬마의 맨발바닥이 힘찬 울림을 내뱉으며 푸리의 흙바닥을 휘저었다.

십 년이고 이십 년이고 힘차게 달려 내가 있는 곳까지 달려올 수 있을 거라는 강한 확신이 들었다.

Western

○ 푸리, 낯선 나라의 이방인

“푸리? 거기가 어디야? 푸네가 아니라?”

나의 마지막 도시를 푸리로 정했다고 말하자 사람들은 되물었다. 인도 오리샤Orissa주 끄트머리에 잇는 작은 어촌 마을 푸리는 모르는 사람이 태반인 곳으로 관광객들이 많이 찾는 도시는 아니다. 바라나시의 더위를 피해 도착한 푸리는 해안가에 위치한 덕분인지 나지막한 바람이 얼굴에 불어 더위를 느끼지 못하게 만들었다. 바다의 짠 내는 코끝을 찔렀고 텔레비전에서나 볼법한 초가집들이 해변 앞에 즐비하게 늘어서 있었다. 해안은 관광객 대신 쓰레기들은 물론 모래를 공용화장실로 이용한 탓인지 인분들이 가득했다(아침마다 바닷가에 나가면 나란히 쪼그려 앉아 볼일을 보는 기이한 광경을 볼 수 있다).

고요함을 찾아 헤매던 나는 숙소촌을 벗어나 초가집 마을 바로 뒤편에 있는 일본인 숙소에 짐을 풀었다. 단돈 195루피에 누울 침대가 있고 가끔 벌레가 나오는 질 나쁜 음식이 나오긴 하지만 아침, 저녁 그리고 하루 두 번 짜이티까지 준다. 머물지 않을 수 없었다. 해 질 녘 바닷가의 노을을 보려고 초가집 마을 사이로 들어가자 모든 시선이 나에게로 쏠렸다. 모든 인도에서 나는 신기한 존재임이 마땅하지만 관광객이 거의 없는 이곳에서는 가늠할 수 없을 정도의 관심이 쏟아졌다. 우르르 몰려온 아이들은 힌디어도 아니고 영어도 아닌 그들만의 언어로 말을 건다. 밥을 짓던 동네 아낙마저 몰려들어 팔을 만지고 볼을 당겨보고 심지어 털도 뽑아본다. 따끔따끔해 죽겠는데 내가 아파하는 표정마저 즐거운지 꺄르르 웃는다. 한 아줌마가 내 손목을 잡아 이끌었다. 그 뒤를 쫓아 수십 명의 아이들이 졸졸졸 따라왔다. 가는 동안에도 내 반 토막만 한 꼬마들이 내 피부를 쿡쿡 찌른다. 60년대에나 있었을 법한 아궁이에다 밥을 쑤는 아줌마와 인사하더니 마을에서 가장 단단해 보이는 집으로 들어가 침대에 나를 앉힌다. 내 방만한 집에 갓난아기부터 할아버지까지 가득 찼다. 빼꼼 내다보니 소문을 듣고 온 동네 아이들이 문밖에서 큰 눈알을 굴리며 나를 관찰한다. 반갑게 손을 흔들어주니 좋아서 방방 뛴다. 푸리의 인기 스타가 된 느낌이었다. 그저 서로가 서로를 무관심하게 지나치던 도시와는 확실히 다른 느낌이 나를 들뜨게 했다. 일본인 친구 토시도 데려왔다. 덩치가 커서 산적 같은 느낌이 나는 토시에겐 아이들과 사람들이 역시 관심을 보이지 않았다.

저녁 시간이 다 되어 나는 배를 통통 튀기며 가겠다는 의사 표현을 했다. 아뿔싸 마을 사람들은 내가 배고프다고 밥 달라고 하는지 알았나 보다. 한 여인이 얼굴 세 개만 한 쟁반에 밥을 잔뜩 퍼 오고 직접 잡은 생선구이와 카레를 내왔다. 밥이 무척 많았지만 쏟아지

는 수십 개의 시선에 차마 많다고 할 수 없었다. 수저 대신 손을 씻을 항아리를 내온다. 울며 겨자 먹기로 씻은 손으로 생선을 잡는데 너무 뜨거워 떨어뜨렸더니 아이들은 또 꺄르르 뒤집어진다. 갓난아기마저도 신기한지 내 피부를 당겨본다. 수십 명이 지켜보는 가운데서 만찬은 시작되었다. 세 손가락을 이용해 카레에 밥을 비벼 쓱싹쓱싹 먹으니 모두가 흐뭇한 표정으로 행복해한다. 내가 먹을 음식이 모자라 보였는지 여인은 음식을 내오고 또 내와 자그마치 여섯 마리의 생선을 식탁에 올린다. 마을 사람 수십 명이 고작 내가 그들의 식사 대접에 응한 것만으로도 행복해한다. 그 모든 행복을 받으며 먹어서 그런지 밥도 잘 넘어간다. '밥을 손으로 어떻게 먹어?' 했던 마음은 온데간데없다. 쟁반만 한 그릇을 비우니 다들 박수 치며 또다시 나를 만지고 찔러본다.

까만 얼굴에 흰 눈동자와 가득 찬 치아가 빛난다. 우리나라에 서양인이 처음 왔을 때 선조들이 털도 뽑아보고 머리칼도 뽑아봤다는 이야기가 생각났다. 딱 내가 그 모양이다. 평범함의 극치인 내가 언제 그런 인기와 호사를 누려보겠는가 하고 뻔뻔하게 인기를 누려본다. 어둑한 밤 집에 돌아가는 길은 고작 백 미터도 안 되지만 꼬마 호위대 수십 명이 나를 감싸고 길을 나섰다. 나를 기다리던 숙소 사람들이 와하하 웃으며 그럼 그렇지 하는 미소를 지었다.

친구들은 말한다.

"역시 이래서 내가 푸리를 좋아해."

"나도."

"나도!"

푸리에 있는 5일 동안 매일같이 마을로 발을 내디딜 때마다 연예인이 된 기분을 느꼈다. 넘치는 관심과 시끌벅적함이 매일매일 축제인 기분이다. 전자기기를 가진 사람이 단 한 명도 없는 마을 사람들의 모습을 찍어주니 어른들도 호기심 어린, 촉촉하고 순수한 눈망울로 쳐다본다.

푸리의 소소한 일상들. 만약 누가 나에게 인도에서 다시 가고 싶은 곳이 어디냐고 묻는다면, 나는 광활한 풍경의 함피나 아름다움에 빠져 오래 머문 조드푸르가 아닌, 너무나 다른 낯선 이방인인 나를 오랜만에 만난 가족처럼 반기며, 넘치는 정을 준 작은 마을 푸리라고 대답할 것이다.

노점상 아저씨나 지나가던 꼬마,

혹은 다른 여행객.

눈이 마주치면 활짝 웃음을 짓고는

"안녕."

"안녕."

"좋은 여행해."

"너도."

몇 초간의 짧은 인사 후 안녕한다.

그 사람이 어떤 사람이든 간에

나는 그 사람의

가장 아름다운 모습만을 간직한 채로

다시 떠난다.

그 사람도

나의 가장 순수한 미소만을 간직한 채로

갈 길을 나선다.

그렇게 그들의 안녕을 뒤로하고

나는 내 평생 최고의 두 달에게

작별 인사를 했다.

안녕, 인디아.

○ 초보 여행자가 쓰는 편지

이런 글을 쓰는 게 참 부끄러워요. 세상엔 정말로 상상할 수 없을 만큼 수많은 여행자들이 자신만의 길을 묵묵히 나아가고 있습니다. 그런 그들에 비해 제 여행은 너무나 초라하거든요. 그렇지만 내 손으로 풀어낸 세상 이야기를 들려주고 있는 저는 꼭 당신께 말해야 할 게 있어요.

혹시 여행을 하는 내 모습이 그저 즐거워 보여서 긴 여행을 하겠다고 결심한 누군가가 있다면, 나는 정말 말리고 싶습니다. 내가 느낀 여행은 기쁨과 환희보다 막막함, 외로움, 두려움으로 가득 차 있었어요. 여행의 설렘은 여행하는 한 달 새 이미 끝났었어요. 어쩌면 141일은 나에게 커다란 성장통이었지요. 가장 뜻깊은 시간임과 동시에 가장 힘든 시간이기도 했어요. 여행하는 내내 제일 많이 든 생각이 '내가 다시는 이런 여행을 하나 봐라'였으니까요. 그만큼 정말 힘들었어요. 내가 아무리 공부하고, 또 아무리 철저히 준비해도 세상은 무서웠으며 언제나 예상 밖의 일이 일어나니까요. 그래도 나는 오롯이 세상을 느끼고 싶었어요.

어쩌면 내가 별 탈 없이 돌아올 수 있었던 이유는, 준비를 철저히 한 덕도 있지만 정말로 천운이 따랐다고 생각해요. 나에게 0퍼센트로 벌어진 일을 남이 겪으면 그건 100퍼센트 벌어진 일이 될 테니까요. 어쩌면 어렸기 때문에 무식하게 용감했고 무모했던 걸지도 모릅니다. 사실 나는 목숨을 걸고 여행을 떠났었다고 생각해요. 나는 죽더라도 거기서 죽고 싶을 만큼 너무나 간절했으며 이전의 삶에 지쳐 있었거든요. 세상에서 제일 겁쟁이인 것 같던 내가 결국 해낸 것은 그만큼 간절했기 때문이라 생각해요.

누군가는 내 인도 이야기를 읽고 '절대로 인도는 가지 않겠다'고 말하기도 하고 어떤 이는 '한 번쯤은 꼭 그 나라를 느껴 보겠다'고 말해요. 그런데 아마 그들이 느낀 인도는, 그리고 여행은 분명 다를 거예요.

같은 곳이라도 100명이 여행하면 100개의 다른 장소가 그려지는 것이 여행이에요.

여행지에 대한 환상은 여행지에 도착한 순간 깨지고 말아요.

내 생각이, 내 시선이, 내 행동이 여행을 바꾸죠.

세상에 정답인 여행은 없어요.

여행을 하겠다면 자신만의 여행, 자신의 색깔이 있는 여행을 하길 바랍니다.

○ 그로부터 6년 후, 28살의 내가 그리는 인도

이 책에는 인도에서 지낸 이야기가 유난히 많다. 그만큼 내가 애착을 가지고 있는 나라이기 때문에 그렇다. 나는 이후로 2개월씩 두 번을 더 인도로 향했다. 두 번째로 인도를 갔을 때는 릭샤를 타고 숙소로 향하던 길에 나는 아이처럼 엉엉 울었다. 다시 인도로 떠나왔다는 사실이 실감 나지 않아서… 앞으로도 이곳에 올 수 있는 삶에 감사해서….

계속 내가 인도로 향하는 건, 잊어버린 지난날을 마주할 수 있기 때문이다. 그곳에 가면 나와 그곳은 그 당시로부터 변하지 않은 상태로 존재하고 있다.

한 번은 콜카타를 여행하던 중 현대적이고 멋스러운 카페에서 40대 언니를 만난 적이 있는데, 우리는 한참 인도에 대해 이야기를 나누었다. 언니는 20여 년 전에도 인도에 왔었다고 했다. 맥도날드와 스타벅스가 생긴 것 말고는 인도는 달라진 게 없다고 말했다. 대도시를 떠나면 여전한 건 더하다며. 나는 20여 년 전의 인도를 떠올리는 언니를 바라보았다. 세 아이와 여행 온 언니의 볼은 발그랗게 상기되어 지난날을 회상하고 있었다.

그 당시 나는 주변 사람들의 반대를 무릅 쓰고 계속해서 책을 쓰고 싶다는 고민을 언니에게 털어놓았다. 언니는 응원하는 듯한 말을 했지만 사실 내 생각은 다른 곳에 가 있었다. 나는 옛날의 인도를 떠올리며 지금 여행을 하는 언니를 보며, 그래, 다시 그곳에 찾아갈 수만 있다면 뭘 해도 상관없지 않을까 하는 생각이 문득 든 것이다. 그만큼이나 인도는 내게 소중한 곳으로 남아있다.

아, 그래서 책 속의 인물들은 어떻게 살고 있냐면….

우선, 인도에서 만난 나의 소중한 친구들 중 몇 명은 유럽으로 유학을 갔고, 미스 인디아 알리나는 여전히 아름답다. 우리는 종종 메시지를 주고받지만 안타깝게도 아직 다시 만나지는 못했다.

그리고 바부,
놀랍게도 바부는 작은 가게의 어엿한 사장님이 되었다!
들리는 바로는 한국인이라고 하면 말도 안 되는 할인 가격으로 물건을 내어준다고 한다. 함피를 다시 찾은 적은 없지만 일 년에도 몇 번씩 독자들로부터 바부의 사진을 받을 수 있었다.

바보같이, 몇 년이 지나도 나를 애타게 기다리며, 한국인이 지나가기만 하면 '두 유 노우 시내? 마이프렌드 시내'라고 외친다고 한다. 참 바부스럽게 말이다.
함피는 너무 아름다웠던 추억이 남아 있는 곳이라 그대로 남겨 두고 싶어 다시 가지 않으려고 했는데, 바부를 보기 위해서라도 이번엔 꼭 가야겠다고 마음먹었다.

To. 시내

When you come to hampi?

I waiting for you

My phone number '------'

When you come to india

Please call to me

All time free time call me

-Baboo-

바라나시에서 소년을 위해 함께 연을 날려준 유키. 그는 몇 년째 방콕에서 살고 있어서 우리는 종종 방콕에서 만난다. 같이 옛 여행 사진을 뒤적일 때면 항상 나를 놀리는 유키. "아, 시내, 그때는 순수 그 자체였는데, 지금은…."
이제는 노점상 에그롤이 아닌, 멋진 바에서 술을 기울이는 사이가 되었지만 그래도 우리는 늘 2014년의 인도와 그곳의 우리를 그리워한다. 아, 그 시절 내가 알려준 고스톱은 아직도 잊지 않았다고 한다

그리고 너무 소중한 나의 작은 천사 싸마디,
싸마디 역시 많은 독자들로부터 사진을 받아 꾸준히 자라나는 모습을 볼 수 있었다. 그래서 나는 싸마디를 다시 만나러 갔다. 하지만 싸마디는 나를 알아보지 못해 나는 엉엉 울었지만, 우리는 한 시간도 안 돼서 옛날 그 모습으로 돌아갔다. 나는 우다이푸르에 다시 머물던 며칠 내내, 싸마디와 싸마디의 가족들과 함께했다. 쌍칼이라는 싸마디보다 좀 더 귀엽게 생긴 동생은 내 볼에 뽀뽀를 너무 많이 해서 내 볼은 언제나 침투성이가 되었다.
나의 천사 싸마디는 과자를 사 먹으라고 그의 손에 10루피를 쥐어 주면 늘 5루피를 거슬러줬고, 나는 내가 사준 운동화를 뒤에서 몇십 번이나 신고 벗는 그를 보며 이 아이가 영원히 때묻지 않기를 간절히 바랐다. 하지만 인도라는 나라에서 가난하게 살아가는 이상 싸마디의 삶은 내가 어떻게 장담할 순 없다. 그저 그곳의 바람과 하늘이 그 아이를 씩씩하게 잘 자라게 해주기만을 바랄 뿐이다.

더 이상 싸마디는 나와 헤어질 때 울지 않는다. 다리를 잡고 매달리지도 않는다. 멍하니 생각에 잠긴 그의 얼굴에 내가 마음이 저린 나머지 뽀뽀 세례를 퍼부으면 그는 제 또래처럼 속없이 웃는다. 스물둘의 여행자가 스물여덟이 된 것처럼 네 살배기였던 그는 이제 열 살이 되었다. 철부지 동생을 챙긴다. 그의 동생 쉬바는 사랑을 잔뜩 받아서 제멋대로 군다. 쉬바에게 초콜릿을 빼앗겨도, 내가 빌려준 헤드셋을 빼앗겨도, 쉬바가 얼굴을 때려도 그저 늘 수줍고 어색해하며, 내가 오랫동안 바라보고 사랑한 그의 특유의 웃음을 보인다. 나는 그런 그의 모습에 그를 한 번 더 안아주고 만다.

올드 시티를 벗어나면 비로소 싸마디는 나를 마음껏 사랑한다. 이제는 말을 할 줄 알아 내 손을 잡고 쫑알쫑알 떠드는데, 나는 그

가 나를 부르는 '시나이' 밖에 알아들을 수 없다. 우리는 웃음과 노래 그리고 체온으로 대화를 한다. 내 손을 잡고, 동네 친구들에게 나를 자랑한다. 다른 아이를 예뻐하면 그게 끝날 때까지 기다리다가, 망설이다가 다시 내 손을 잡고 다른 곳으로 향한다. 어딘가 무언가를 보면 손가락으로 가리키며 설명한다.

무엇이 먹고 싶냐고 물으면 그는 매일 배가 부르다고 한다. 나는 그래도 그가 어린 시절 좋아했던 빠니르 버터 마살라를 시킨다. 옛날의 우리는 돈이 없어서 하나를 시켜 나누어 먹었지만, 이젠 아니다. 내 앞에서 그는 처음으로 바나나 셰이크를 두 잔이나 뚝딱 마셨다. 천진난만한 모습이 기특했다. 아이 같은 모습에 마음이 놓였다. 나에게 아가처럼 매달리다 멋쩍어하는 싸마디.

나 역시 아이라서, 나랑 동갑인 그의 엄마의 무릎에 누웠다가, 그의 할머니의 양볼에 뽀뽀를 했다가 안겼다가 그와 춤을 춘다. 그리고 소년이 된 그의 양손을 꽉 잡아본다.

이제는 우리가 헤어질 때도 그는 해맑게 손을 흔든다. 2년 만에, 4년 만에 말없이 나타난 내가 또 언젠가는 나타날 거라 생각하는 모양이다. 싸마디를 이제는 만나지 않아도 될 것 같다고 내 어느 책엔가 썼지만 나는 그런 건 불가능하다는 생각이 들었다.

그의 가장 예쁜 모습부터 그가 서러워하던 모습, 겨우 걷던 모습, 종종거리며 뛰어오는 모습, 초콜릿을 입에 묻히며 먹던 모습, 동생을 챙기는 모습, 물비린내가 온몸에 가득 찼던 어린 그의 체취와 통통했던 발목이 가늘고 단단하게 변하는 모습까지도 나는 온전히 기억하기 때문이다. 아마 이 모습을 내가 아닌 다른 누군가가 봤더라도 나만큼 그를 사랑했을 것이다.

다시 밤이 찾아오고, 또 마주한 작별의 순간에 그는 비로소 웃음을 지었다. 자리에 주저앉아 엉엉 울지도, 소매로 눈가를 훔치지도 않았다. 그를 뒤로한 채 저만치 가다가 다시 돌아보면 그는 떠나가는 릭샤의 창문 뒤로 나를 향해 웃으며 손을 흔들었다.

두 번 다시는 영원한 이별 같은 작별을 하지 않기로 마음먹고 너의 이름을 불러본다.

쌍칼, 싸마디, 쌍그리아.

여행의 방법이 편해져 갈 뿐, 인도는 여전할 것이라는 확신과 기대를 건다.
진실되고 따스한 미소를 지어주는 그들을 떠올리면 아직도 눈물이 왈칵 나고는 한다.

인도는 언제나 나에게 있어 쉼터가 되는 곳일 테며, 그 시절의 나를 불러오는 곳일 것이고, 영원히 내가 사랑할 여행지일 것이다.

P. S.
2년마다 꼭 들르기 때문에 이 책 개정판이 나올 때쯤이면 나는 분명 인도 어딘가에 있을 것이다.

가난했던 여행자 시절에 다른 여행자들과 밥을 자주 같이 못 먹는 게 한이 되어서(주로 한식은 3000원이 넘었기 때문이다) 이제 인도에서는 내가 받아온 만큼 가난한 여행자들을 배불리 먹이는 여행자가 되었으니, 혹시라도 나를 인도에서 보게 된다면 주저 말고 삼겹살과 치킨을 사달라고 외쳐라. 맥주까지 함께 사줄 것이니.

DEPARTURE

•

INDIA

MOROCCO

EUROPE

•

EGYPT

•

RETURN

○ 낯선 나라 모로코, 카우치 서핑을 하다

'아프리카에 발을 딛고 이슬람의 가슴으로 머리를 유럽으로 향한 나라.'

달랑 이 한 줄만 보고 모로코행 티켓을 끊은 나에겐(비행깃값이 15만 원이었기 때문이기도 하다) 모로코에 관한 지식이 전혀 없었다. 여행 중 만난 친구가 몇몇 도시를 추천해줘서 공부하고, 나만의 가이드북을 만들어서 물가, 도시, 사기 유형, 랜드마크 등을 정리했지만 도저히 감이 오지 않았다. 나라를 알아야 이 도시 저 도시로 떠나고 싶을 때 떠날 텐데…. 진짜 모로코란 어떤 곳일까? 철저한 준비로 인도 여행을 멋지게 마무리 지은 것처럼 진짜 모로코를 느끼고 싶었다.

그래서 유럽에서 해보려고 한 카우치 서핑couch surfing(호스트가 여행자에게 소파 혹은 침대를 내주고 교류하는 문화)이라는 특별한 경험을 모로코에서 해보기로 했다. 하지만 그것이 고생길의 시작이었을 줄이야.

인도를 떠나기 며칠 전, 카우치 서핑 초보였던 나는 카우치 서핑 사이트에 글을 올렸는데(경험으로 깨달은 것이 있다면 게스트가 호스트를 선택하는 편이 메시지를 올려서 초대를 받는 것보다 훨씬 안전하다) 놀랍게도 수십 명이 자신의 집으로 초대하겠다는 메시지를 보내왔다.

'남자 혼자 사네? 이건 정말, 나쁜 평이 있잖아? 탈락! 호스트와 방을 같이 써야 하네. 싫은데 이건.'

수많은 고민 끝에 네 명의 친구와 함께 살며 이탈리아, 스위스, 일본 등에서 온 여행객을 서퍼로 맞아본 경험이 있는 요셉이라는 친구를 택했다. 방문한 여행객 모두 꽤 좋은 평을 남겼기에 기쁜 마음으로 수락했다. 나는 그의 집에서 5일 정도 머물 예정이었고 내가 모로코로 입국하는 도시인 카사블랑카에서 그를 만났다. 요셉은 오랫동안 비행기를 타고 오는 바람에 지친 나를 위해 기차역으로 마중 나왔으며 사진에서 봤던 것처럼 작고 마른 체구였기에 그를 한눈에 알아볼 수 있었다. 우리는 밤 버스를 타고 아름다운 해양 도시 에싸우이라Essauira로 향했다.

새벽바람을 맞으며 도착한 도시 에싸우이라는 참 묘했다. 하늘을 휘젓고 다니는 갈매기들, 바다의 짠 내에 새큼한 오렌지 향이 뒤섞인 냄새가 펼쳐질 정도로 여기저기 오렌지가 가득한 곳이었다. 아무 정보 없이 홀로 와서 그곳 자체를 향유하기만 해도 행복할 것 같은 도시였다. 요셉과 함께할 이곳 생활을 정말로 기대했기 때문에 내 마음은 설레었다. 새벽에 도착해 잠시 눈을 붙인 것 같았는데 벌써 아침이었다. 집에 관한 정보는 제대로 읽어보지 않고 왔기에 아침에 일어나 찬찬히 둘러보았는데 집은 조금 충격이었다. 내가 잠시 누웠던 침대는 곰팡이 슨 스펀지였고, 집은 제대로 치우지 않는지 온통 먼지투성이였다. 무엇보다 중요한 사실은 샤워 시설이 없다는 것이다. 씻으려면 자그마치 한 시간을 걸어 모로코의 전통 목욕탕 함만Hammam에 가야 했다. 인도에서 꼬질꼬질하게 버티다 와서 지금도 꼬질꼬질한 상태였던 터라 그것은 나에게 그렇게 큰 문제는 아니었다.

요셉은 내가 일어남과 동시에 나를 끌고 나갔다. 그렇게 우리의 놀랄 만큼 빠듯한 일정이 시작되었다. 보통 카우치 서핑 호스트들은 정말 침대만 내주거나 저녁 정도를 함께하거나 혹은 시간이 맞으면 같이 관광하는 정도다. 요셉과 한집을 사용하는 친구도 이탈리아인 언니를 서퍼(게스트)로 맞이했는데 간섭 하나 없이 방치했다. 하지만 요셉은 달랐다. 열여섯 시간의 비행과 여섯 시간의 버스 여행 끝에 도착한 나는 휴식이 간절한 상황이었다. 하지만 프리랜서인 그는 남는 것이 시간이었고 많은 시간을 서퍼와 함께하기로 결심한 듯했다.

처음엔 좋았다.

메디나의 상점들이 문을 열자마자 나는 아름답고 좁은 파란 골목을 헤쳐나갔다. 모로코식 빵인 홉즈와 민트 티를 먹고, 해안가로 나가서는 오가는 배들을 구경하고, 끼니마다 전통 음식을 사 먹었

A-MOGADOR

으며, 저녁에는 골목 이곳저곳을 쏘다니다가, 자정 무렵이 되면 그의 전통악기 연주를 몇 시간이고 들어야 했고, 새벽녘이 되어야 잠들 수 있었다. 긴 이동과 곧바로 이어진 하루가 피곤했지만, 현지인이 아니면 알 수 없는 음식들과 가게들을 방문하게 해준 요셉에게 고마워서 씻고 싶다는 말조차 할 수 없었다. 새벽녘에 겨우 잠들었는데 이른 아침에 눈을 뜨자마자 내가 깨기만을 코앞에서 기다리고 있는 요셉의 모습을 보아야 했다(상상해보라! 하루 종일, 심지어 잠든 모습까지 감시당하는 느낌이었다). 같은 일상의 반복이었다. 그는 내가 부담을 느낄 정도로 잘해주었고 나를 위해 아랍어로 새긴 반지도 직접 만들어 주었다.

둘째 날, 해변가에 앉아 있다가 요셉이 통화를 하러 자리를 비운 사이에 프랑스에서 여행을 온 할아버지를 만났다. 할아버지의 셔츠가 꽤 멋졌는데 다음날 나는 할아버지가 입은 것 같은 멋진 셔츠를 살 수 있는 프리마켓에 놀러 가기로 그와 약속을 잡았다. 요셉이 돌아온 후 난 이 새롭고 즐거운 소식을 요셉에게 전했다.

"요셉, 나 새로운 사람 만났어! 내일 오전에 잠시 프리마켓에 갔다 오기로 했어. 점심쯤에는 돌아올게"

"그래? 안 돼."

"응?"

"나도 데려가. 아니면 안 돼."

"왜? 그 사람은 이상한 사람이 아니고 나는 나만의 시간이 조금은 필요해. 고작 세 시간이야, 요셉."

"안 돼. 난 너랑 하루 종일 같이 있고 싶단 말이야. 그리고 그 사람도 알지 못하지만 이상한 사람이 분명해."

거절로 시작한 요셉의 설교는 한 시간이 넘도록 이어졌고 요셉에게 많은 도움을 받은 터라 화를 낼 상황도 아니었다. 요셉의 집착은 더욱 심해져서 내가 페이스북으로 무슨 메시지를 보내는지까지 확인하고 밥값을 낼 때는 내 지갑을 마음대로 열고 내 돈을 자기 돈처럼 건드렸다. 심지어 그의 눈에 예쁘지 않은 옷을 입으면 갈아입으러 다시 집으로 돌아가야 했다. 편하게 아무거나 입는다고 우겨도 그는 예쁘지 않은 옷을 입은 나를 데리고 다니기 싫은 듯했다. 졸려서 자고 싶다고 말해도 그는 '안 돼! 내 얘기 안 끝났어,' 하며 도저히 잠을 잘 수 없게 만들었다. 내 여행뿐 아니라 나라는 존재 자체가 인형이 되어 조종당하는 느낌이었다.

에싸우이라는 기분 좋을 정도로 따사로운 햇볕과 상쾌한 바람이 불어 지구 최고의 날씨를 가진 도시가 아닌가 할 정도였지만, 예정했던 일주일을 머물기에는 나의 참을성이 그다지 좋지 않았다.

결국 나는 일정을 바꿔 아름다운 에싸우이라를 예정보다 빨리 벗어나 다른 도시로 이동하기로 마음먹었다. 요셉에게 그 사실을 말하자 그는 슬퍼하는 기색이 역력해 괜히 미안해질 정도였다. 다른 집에서 머물고자 하면 할 수 있었지만, 워낙 작은 동네라 그가 알면 섭섭해할까 봐 그러지 않았다. 그가 딱히 나에게 큰 해를 끼친 것도 아니고 그저 서로 안 맞는 사이였을 뿐이었기 때문에 상처를 주기 싫었다.

결국 일정을 당겨 다른 도시로 가기로 했다. 마지막 날 밤, 힘들게 하긴 했지만 나를 위해 수고해준 요셉에게 선물로 그의 초상을 그려주었고, 그는 다음날이 생일인 나를 위해 깜짝파티를 열어주었다. 그를 불편해하던 나는 괜히 더 미안해졌고 요셉은 내가 떠나는 것을 굉장히 슬퍼했다. 파티를 같이 해준 같은 집 친구와 다른 서퍼인 이탈리아 언니와 이별하는 것도 슬펐다(그런데 이럴 수가. 지금 생각해보니 케이크도 내 돈을 빌려 사와 놓고 돈을 갚지 않았다).

하지만 떠났다고 해서 완전히 벗어난 것은 아니었다. 떠난 후 한 시간 간격으로 그로부터 전화와 메시지가 왔다. 답장이 조금이라도 늦으면 요셉은 이해할 수 없다고 큰소리를 쳤고 다시 돌아오라며 짜증을 부렸다. 나의 일과를 상세히 보고하라는 메시지에 나는 정말로 화가 나기 시작했다. 충고와 조언도 좋지만 그는 내 인생에 심각할 정도로 개입하려 했다.

"요셉, 너는 나의 아빠가 아니야. 만약 그렇더라도 나는 내 삶이 있어. 그리고 다시는 에싸우이라에 돌아갈 생각이 없으니 그만 요구했으면 좋겠어."

화를 꾹꾹 참고 냉정히 말했고, 요셉은 나에게 사이트에 평을 남기라고 말하며 마지막을 고했다. 이렇게 첫 호스트와의 관계는 금이 간 채 마무리됐다. 카우치 서핑을 만만하게 보고 꼼꼼하게 선택하지 않은 내 자만심과 무지함이 원인이었다. 그는 충분히 최선을 다했고 나도 최선을 다하려 했지만 성향은 완전하게 달랐다.

나의 첫 카우치 서핑은 실패였다. 나를 꾸중하려 할수록 여행에 자신이 없어지는 것 같았다. 실수와 실패가 더 나은 다음을 만든다는 것을 알기에 더 공부하자, 생각했지만 속상하긴 매한가지였다. 어떤 여행지가 좋았고, 어떤 여행지가 나빴는지에 대한 기억은 그곳의 추억과 사람에 의해 결정된다. 적어도 나에게는 그렇다. 모로코 에싸우이라는 환상적인 풍경이 있는 곳이었지만 나에게 카우치 서핑에 대한 좋지 않은 기억을 안겨주는 바람에 아마 평생 떠올리고 싶지 않은 도시로 기억될 것 같다. 항상 행복하며 즐거운 여행만을 할 수는 없는 거라고 나 자신을 소소하게 위로하며 그렇게 다음 도시로 향했다.

1069

다가오더니

아무 말 없이

내가 먹던

오렌지 주스를

쭉 빨아 들이킨다.

그리고

다시

제 갈 길을 간다.

그래도 왠지 밉지 않다.

○ 연양갱 하나 그리고

예정보다 일찍 에싸우이라를 떠났다. 떠날 때 느꼈던 그 달콤함이 생각난다.

그날은 아침부터 요셉과 함께 거리 노천카페에서 아이스크림을 먹고 있었다. 부담 백배였던 요셉과 함께였지만 달콤한 아이스크림이 들어가는 이 순간만큼은 정말 황홀했다. 에싸우이라는 한국인한테 별로 알려지지 않은 탓인지 한국인은커녕 동양인 자체를 전혀 볼 수 없다. 노천카페에서 보이는 에싸우이라의 아름다운 풍경보다 아이스크림의 맛에 집중하고 있었는데 요셉이 나에게 흥분한 말투로 말을 걸었다.

"시내, 저기 봐! 너네 나라 사람들이야."

그가 가리킨 곳에 동양인 남자 세 명이 앉아 아이스크림을 먹고 있었다. 50대처럼 보이지만 긴 머리 그리고 범상치 않은 패션 센스가 눈에 띄었다. 어쩌다가 에싸우이라까지 온 일본 관광객이 틀림없었다.

"우리나라 사람들 아니야. 일본 사람들이 분명해."

그렇게 말하고도 괜히 반가운 마음에 호기심이 나서 귀를 기울이니 놀랍게도 한국말이 들렸다.

한국말을 듣자마자 나는 용수철처럼 튀어나가 말을 걸었다.

"우와, 한국인이시군요! 안녕하세요. 에싸우이라에는 어떻게 오셨어요?"

오래간만에 한국어를 쓸 수 있다는 사실에 들뜬 나머지 마치 에싸우이라에 10년 이상 거주하느라 한국인을 단 한 번도 못 봐서 향수병에 걸린 사람처럼 흥분하며 말했다. 놀랍게도 일본 관광객처럼 보이는 이들은 우리나라 굴지의 방송사 피디님들이었다. 그들은 다큐멘터리 촬영 때문에 모로코에 일이 주 정도 머문다 했고 지나치게 반색하는 나를 오히려 신기해했다. 뒤에서 지켜보는 요셉을 보고 남자 친구냐고 묻기에 나는 그가 그저 카우치 서핑 호스트일 뿐이라며 극구 부인했다. 물론 카우치 서핑이 뭔지 모른다고 해서 열심히 설명해주었지만, 그들과는 너무나 거리가 먼 세계였는지 잘 이해가 가지 않는다고 했다. 내 여행에 대해서도 많은 이야기를 했다. 입이 아플 지경이었다. 난 정말 반가운 나머지 쉴 틈 없이 말을 했고 피디님들도 신기하다며 함께 수다를 떨었다. 그들이 좋았다. 누군가와 한국어로 대화한다는 것도 좋았고 마치 아빠처럼 흐뭇하게 미소 짓는 그들의 정이 좋았다. 피디님들은 열흘 남짓한 여정임에도 트렁크 하나를 한국 음식으로 채워왔다고 말했고, 그 말을 듣자마자 나는 정신이 혼미해졌다. 라면, 김치, 흰쌀밥…. 정말 넋이 나간 표정으로 바라보자 그들은 나에게 식사 초대를 해주었다. 물론, 요리는 내가 하는 것이었지만. 요셉과 함께 그들을 따라나섰다.

뉴스에서나 보던 커다란 방송사 마크가 찍힌 카메라를 보니 너무나 신기했다. 나보다 더 수다쟁이인 요셉의 말을 통역해주며 그들의 숙소에 도착했다. 정말 요셉의 집과 비교하면 극과 극이라고 할 수 있을 정도로 넓고 따뜻하고 깨끗한 곳이었다. 주방으로 가자마자 나는 웃음이 터졌다. 수십 개의 라면과 햇반 그리고 김치와 고춧가루까지 정말 모든 것이 있었다. 한국의 어느 집 주방을 통째로 옮겨 놓은 것 같았다. 소주 또한 빽빽하게 들어차 있었다. 한국 아저씨들은 정말 입맛이 한결같구나 하는 생각이 들었다. 나는 그들을 위한 오징어볶음을 만들었고 요셉은 그동안 피디님들과 친해져 있었다. 요셉은 나와 맞지는 않았지만 참 친화력 있는 친구임에는 분명했다. 피디님들은 요셉에게 한국의 맛을 알려준다며 소주를 먹이기도 했다. 어른들과 그렇게 오랜 대화를 하는 것은 처음이었다. 대낮에 만났지만 벌써 해가 어둑해진 상태였고 그들은 다음 날 다른 곳으로 떠난다고 했다. 오랜만에 만난 따뜻한 한국 사람들과 또 금방 헤어질 거라 생각하니 괜히 눈시울이 붉어졌다.

그런데 하늘이 도우셨는지 피디님들도 내가 가려고 했던 마라케시Marrakech로 간다고 했고 나에게 어차피 가는 길이니 차에 태워준다고 제안했다. 아, 나는 정말 행운이 넘치는 아이구나. 어떻게 이렇게 좋은 일만 생길 수 있을까 생각하며 요셉에게는 에싸우이라를 예정보다 일찍 떠나게 되었다며 이별을 고했다.

다음 날은 일어나자마자 기분이 좋았다. 드디어 이 지긋지긋한 요셉네를 떠나는구나. 커다란 배낭을 메고 피디님들의 숙소로 꽤 오랫동안 걸어갔지만 배낭이 전혀 무겁게 느껴지지 않았다. 가벼운 발걸음으로 숙소에 도착했다. 가벼운 마음과는 다르게 온몸은 땀에 절어 있었다. 힘들게 찾아온 나를 보며 피디님들은 꽤 속상한 소식을 전했다. 촬영한 영상이 날아가서 마라케시가 아닌 아래 지역으로 다시 내려가야 한다는 것이었다. 속상했다. 차를 태워주지 않는 것이 속상한 게 아니라 나는 아직 이별할 준비가 안 됐는데 곧장 떠나야 한다는 게 속상했다. 사람에게 쉽게 정을 붙이는 나는 그만큼 이별을 하는 것이 힘들었다. 하지만 여행이란 만남과 이별의 연속이 아닌가. 피디님들과 마지막 인사를 하고 숙소에서 샤워를 한 후 나가겠다고 양해를 구했다. 샤워기에서 떨어지는 물이 바닥에 부딪히는 소리와 함께 그들이 나갈 채비를 하는 소리가 들렸다. 그렇게 한참을 있다가 나왔다. 그들이 떠난 텅 빈 집은 온기조차 사라진 것 같았다. 멍하니 있는데 문득 식탁에 올려진 무언가가 눈에 띄었다.

무어라 쓴 포스트잇이 붙어 있는 연양갱 하나, 라면 하나, 그리고 흰 봉투 하나.

'차비에 보태고 언제나 지금처럼 밝고 씩씩하게 여행하길 바란다.'

눈물이 나왔다. 봉투 안을 살펴보니 차비를 훨씬 넘는 금액이 들어 있었다. 쓰기조차 죄스러울 정도로 무척 감사하면서도 혹여 요

며칠 씻지 못해 꼬질꼬질하게 다니는 내가 초라해 보여서 신경을 쓰셨나 싶어 미안한 감정이 북받쳐 올랐다.

밖으로 나와 버스정류장을 향해 걸었다. 양갱을 한입 베어 물었다. 촌스러운 맛이라고 생각했던 양갱이 어찌 이리 달콤한지. 마라케시로 가는 버스에선 잠이 오지 않았다.

봉투는 몇 날 며칠 열지 않고 한참을 보관하다가 백화점에 들러 나에게 주는 선물로 못 먹어봤던 맛있고 비싼 밥을 먹고 여행 중 샀던 것들 중 가장 비싸고 예쁜 스카프를 샀다. 피디님들이 주는 내 스물두 번째 생일선물이었다. 그 돈을 여행 경비로 사용하면 피디님들과 함께했던 그런 짧은 추억마저 사라질 것 같아서 차표를 사거나 숙소비를 지불하는 데 쓰고 싶지 않았다. 여행 내내 생일 선물로 받은 스카프를 하고 다녔다. 더 이상 나는 행색도 마음도 초라하지 않은 사람이었다.

○ 검은 대륙의 품, 아프리카 사하라 사막에 안기다

아홉 살 때부터였나? <죽기 전에 꼭 가봐야 할 곳> 같은 시시한 다큐를 보다가 막연히 가고 싶어 했던 곳이 있었다. 이유는 단순했다. 체감할 수 없을 만큼 막연히 먼, 다른 곳이기 때문이다. 북극과 남극, 아마존, 그리고 사하라Sahara 사막. 검은 땅, 아프리카.

그 어린 시절에는 내가 저 땅을 밟으리라고는 감히 상상도 하지 못했다. 그런데 여행을 준비하며 내가 그곳을 갈 수 있다는 것을 안 순간, 아홉 살 그 시절 반 대표로 계주를 뛰기 직전의 그 뜨거운 두근거림이 되살아났다. 애초부터 내 여행 루트는 그놈의 사막 때문에 꼬인 것이었다. 인도, 파키스탄을 밟고 세상에서 제일 아름다운 길이라는 카라코람 하이웨이Karakoram Highway를 통해 국경을 넘어가는 것이 원래의 바람이었다.

'사하라.'

그 단순한 세 글자가 무엇이길래 단 몇 초 만에 내 생각을 뒤집어 놓았을까. 더 고민이 커지기 전에 허겁지겁 표를 사고는(인도에서 모로코로 넘어가는 표 가격이 지나치게 싸기 때문이기도 했다) 다른 곳을 포기하고 이곳을 밟는 것이 과연 지혜로운 선택인 것일까 하고 후

회와 설렘, 긴장의 순간을 반복했다.

모로코에 도착하고 나니 사하라에 대한 염원과 갈망은 다른 여행들에 잠시 밀려났다. 힘겹게 인도를 여행한 탓에 모로코 여행은 보다 편하게 느껴졌다. 그래서 어느새 긴장의 끈도 풀려버리고 말았다. 본래 모로코에 온 목적을 잊은 채로 나는 만나는 사람마다 모로코의 지루함에 대해 찡얼거렸고 후덥지근한 날씨 때문에 축 늘어져서 시간을 허투루 보내고 있었다.

요셉을 피하려고 하릴없이 예정보다 일찍 온 마라케시는 사하라 사막으로 가는 첫 관문이었다. 마라케시에 도착한 다음 날, 나는 사하라를 받아들일 마음의 준비가 전혀 되지 않은 채 사하라로 향하는 버스표를 무작정 끊었다. 다른 아름다운 풍경은 아무 생각 없이 가서 느끼고 오면 그만이지만 사하라는 뭔가 달랐다. 어린 시절에 대한 향수 때문이었을까. 아니면 미지의 세상이라 느꼈기 때문일까. 미적지근했던 마음이 다시금 불타올랐다. 늘어진 긴장의 끈을 팽팽하게 조였다.

아침 7시, 15인승 미니버스에 몸을 싣고 달렸다. 온통 푸른빛의 차 밭과 구시대의 가옥들, 수천 년 전에 생긴 협곡의 장엄한 흔적들이 번갈아 스쳐 지나갔다. 경이로운 풍경이었지만 나에게는 사하라로 가는 길일뿐이었다. 가는 도중 내려선 작은 마을에서 아이들이 어김없이 돈을 달라 하면 속없이 근엄한 표정으로 노려보는 장난을 치며 그렇게 장시간의 이동을 했다. 열두 시간쯤 달렸을까. 주변의

풍광들은 온통 황톳빛으로 물들기 시작했다. 저녁 일곱 시가 되었지만 해는 쨍쨍했고 가늠할 수 없을 만큼 먼 도시와 산들이 토양을 감싸 안고 있었다. 현실과 동떨어진 황량한 들판에 내렸다. 또 그곳에서 한참 낙타를 타고 가야 사하라를 맞을 수 있다. 머리에 내리쬐는 뜨거운 태양을 피하려고 긴 천을 칭칭 두른 낙타 몰이꾼은 굳은살이 가득 박여 모래의 뜨거움 따위는 개의치 않을 단단한 발로 걸음걸음을 나섰다.

황무지 뒤로 서서히 모래 언덕이 모습을 드러냈다. 점점 내려오는 해는 부단히 우리를 뒤쫓고 시끌벅적 들떠 있던 사람들은 순간 말이 없어지기 시작했다. 바람이 만든 모래 위의 그림들은 춤추듯이 일렁였고 끝도 보이지 않는 모래와 먼 산들은, 그리고 점점 떠오르던 달마저도 나를 너무나도 작은 존재로 만들어버렸다. 숨이 막혔다. 드넓은 사막에 몇몇 사람들과 나 그리고 천막을 엮어 만든 누추한 텐트만이 존재했다. 황량함을 넘어선 적막이었다.

사하라 사막에 무언가 있는 것은 아니었다. 사하라는 내가 태어나서 본 것 중 가장 아무것도 없었다.

내 시야를 그 어떤 것도 가리지 않았다. 저 멀리 서사하라 땅까지 보이는 듯했다. 해는 지고 뜨거웠던 모래도 서서히 식었다. 낙타 몰이꾼이 주는 민트차를 마신 후 넓은 모래사막 위에 발라당 누웠다. 서늘한 바람과 낮의 주행으로 지쳐 쓰러진 낙타의 이갈이, 손 틈새로 부드럽게 흘러내리는 모래 알갱이들이 오늘은 여기서 자야 하노라, 하고 말하는 듯했다. 구름에 얼기설기 엮인 달과 쏟아져 내릴 듯한 별들이 끝도 없는 사막과 어우러져 나를 달랬다. 하늘로 손을 뻗으면 금방이라도 별이 잡을 수 있을 것 같았다.

모로칸들이 북을 퉁기며 베르베르족 음악을 연주하는 소리가 모래 언덕 너머로 들렸다. 빠르게 이동하는 구름을 눈으로 쫓으니 별이 숨었다 인사했다를 반복한다. 적막과 황량함, 끝도 보이지 않는 대자연과 나는 교감을 하고 왔다. 전깃불 하나 들어오지 않는 곳에서 밤을 지새우며 자연을 느꼈다. 가늠할 수 없을 만큼 커다란 자연은 잔뜩 교만해진 나를 꾸짖었다. 모두가 잠들고 별과 달과 나만 깨

어있는 새벽, 별을 이불 삼아 모래밭을 침대 삼아 누운 그 묘한 기분. 고요한 정적이 이상해 음악을 들었다. 내 휴대폰에는 몇 곡의 노래밖에 없어서 나는 같은 노래를 듣고 듣고 또 들었다. 별은 계속해서 잠들지 않았다. 문득 이곳을 사랑하게 되었다는 생각이 들었다. 밤을 새우고 일어난 새벽, 그날 저녁 다시 마라케시에 도착하는 순간까지 직전에 본 사하라가 눈앞에서 지워지지 않았다. 별을 보며 들었던 그 노래를 계속해서 들었다. 기분이 묘했다.

사람에게 받은 감동이 나를 반성하게 하고 회개시킨 감동이었다면 대지에서 느낀 감동은 그저 감동 그 자체였다. 그냥 아무것도 필요 없다. 그 아름다움과 위대함을 아무런 사족 없이 그대로 느끼면 되는 것이다. 사하라는 굳게 닫혀 있던 모로코에 대한 내 마음의 문을 단숨에 열어버렸다. 아니, 부수어버렸다. 이 나라도 사랑하게 될 것 같았다.

한참이 지난 지금도, 그때 그 순간 사막 위에서 들렸던 노랫소리가 들리면 그곳이 어디든 간에 그곳은 사하라 사막 한복판 위로 변하곤 한다.

그리고 나는 배낭을 메고 홀로 지구에 우뚝 서 있던 여행자로 돌아간다.

○ 광장 속의 외톨이

마라케시에 일주일간 머물고 있었다. 딱히 지나치게 아름다운 도시도 아닌데 이상하게 발을 뗄 수 없었다. 마라케시는 저녁 8시가 지나고 서서히 해가 지면 눈을 뜬다. 자정이 넘어가면 거리가 붐벼 몸을 움직일 수조차 없다. 피리 부는 코브라 아저씨, 집시들, 원숭이를 감고 다니는 사람들. 모두 둥그렇게 모여 모로코 전통음악을 연주하며 춤을 춘다. 이국적인 풍경이 내 정신을 홀랑 빼먹는다. 헤나를 하는 아주머니는 팔에 강제로 헤나를 한 후, 씩 웃으며 돈을 요구한다. 동물원이 따로 없다.

야시장 한가운데서 파는 즉석 화로 구이를 며칠 전부터 벼르고 있었다. 새우, 소고기, 양고기, 닭, 원하기만 하면 다 구워준다. 혼자 먹기에는 조금 부담스러운 양이다. 거리에서 이리저리 호객행위가 벌어진다. 딜을 하러 갔다. 흥정을 하러 갈 때는 세상에서 가장 단호한 표정을 짓는다.

"나 혼자야. 내가 먹기엔 너무 비싸고 양이 많아! 반만 주지 않을래?"

그런데 언제나 흥에 겨워 있는 모로칸들은 한술 더 떠 나를 호객꾼으로 섭외했다. 동양인이 무지하게 드문 이곳에서 나는 시선을 집중시킬 수 있기에 함께 호객 행위를 해주면 그날의 식사는 공짜였다! 아무래도 복이 먹는 쪽으로만 죄다 쏠린 듯하다. 그 누구도 입이 쉴 틈을 주지를 않는다. 마다할 틈이 없었다. 그들 마음이 바뀌기 전에 냉큼 가게 위로 올라와 '컴온, 컴온' 외치며 손짓을 했다. 주인아저씨도 덩달아 신났다. 지나가는 모로칸들이 신기했는지 사진을 찍고 지나간다. 밥을 먹던 사람들도 먹다 말고 박수를 치며 좋아한다. 그렇게 한참을 했지만 나 때문에 오는 손님은 하나도 없었다. 그저 함께 즐거워하기만 할 뿐이다. 아무렴 어떠한가. 귓가에 들리는 전통음악과 코를 파고드는 고기 냄새는 달콤하기만 하다. 미

안한 감정이 쭈뼛쭈뼛 벌어진 입술 틈새로 새어 나왔다. 내가 무슨 말을 할지 안다는 듯이 주인은 그저 미소와 함께 육즙이 줄줄 흐르는 고기 꼬치를 내민다. 나는 뻔뻔하게 내려가 고기를 요구하고 무지막지하게 뜯었다. 며칠 굶은 사람처럼 먹어대는 나를 향한 모로칸들의 뜨거운 시선에 얼굴이 붉어진다. 공짜 좋아하면 대머리 된다더니 부끄러워서 머리카락이 또 쭈뼛쭈뼛 선다. 아직 뻔뻔함 내공이 덜 쌓였나 보다. 그러나 이렇게 즐거울 수가 없었다. 술에 취하지 않아도 취한 기분이었다. 여행은 진짜 나를 발견하는 시간이라고 누군가 그러지 않던가. 아마도 진짜 '나'는 한국에서의 '나'보다 뻔뻔하고 유쾌하며 자신감이 있으며 조금은 사랑스러운 아이가 아닐까 하는 생각이 들었다.

그런데 이런 마라케시의 분위기와 다르게 나는 여행 권태기를 느끼고 있었다.

신나는 축제 후에 찾아오는 진득한 외로움, 나는 그게 너무 힘들었다. 그래서 마라케시가 힘들었다. 창문 틈으로 들리는 바깥의 소리는 항상 흥겨운데 이 즐거움을 함께 나눌 사람이 없다. 즐겁게 놀다 들어왔음에도 숙소로 돌아오면 항상 찾아오는 외로움 탓에 언제나 방문을 닫고 엉엉 울었다. 와이파이가 잡히는 옥상 바로 아래에 쪼그려 앉아 엄마와 통화하고 나면 더욱더 가슴이 아려오곤 했다. 페이스북에 들어가는 것조차 힘들었다. 벚꽃축제 구경에 신난 친구들을 보면서 그들의 행복한 미소와 내 초라한 복장을 비교하곤 했다. 항상 사람들 속에 둘

러싸여 있던 나에게 혼자 하는 여행이란, 우주 속을 유영하는 길을 잃은 작은 별 조각이 된 것 같은 그런 것이었다.

다음날, 누구라도 사귀어 보자 하고 나는 무작정 숙소 밖으로 나갔다. 몸만 한 배낭을 멘 두 명의 예쁜 여대생 여행자가 보였다.

"저기… 배 안 고파?"

정말 눈 딱 감고 미친 척하고 그들에게 말을 건넸다. 나에겐 그만큼 친구가 간절했다. 아니, 처음 본 사람이 다짜고짜 배 안 고프냐고 말을 걸다니! 그러나 나보다 조금 더 유쾌했던 그들은 호탕한 웃음을 지으며 짐만 풀고 같이 밥 먹으러 가자고 제안했다. 가슴이 두근거렸다. 어제 호객 행위를 하고 고기를 얻어먹은 곳으로 갔다. 그들 역시 나를 가족처럼 반겨주었다. 친구들과 함께 고기를 먹고, 제마엘프나Djemaa el Fna 광장 여기저기를 휘저으며 주스도 먹고, 호객꾼들이랑 싸우기도 하고, 팔목에 예쁜 헤나를 그렸다. 발랄한 친구들과 있으니 우울함의 체증이 내려가는 기분이었다. 흥겨운 노랫가락이 들리자 우린 함께 춤판으로 뛰어든다. 혼자서는 늘 멀리서 지켜보기만 했던 일이다. 반응은 가히 폭발적이었다. 이곳에서 나는 혼자여도 함께고 함께여도 함께다.

하지만 자정이 될 때까지 즐기다가 숙소로 들어와 방문을 닫으면 또 나는 혼자가 된다. 나는 그 허전함에 또 방문을 잠그고 엉엉 울며 슬픔을 토해낸다.

돈이 없어서 항상 몇백 원짜리 전통 빵으로 끼니를 때웠다.

○ 페즈, 나의 모로칸 가족

야간 버스를 타고 이른 아침에 도착한 페즈Fes는 참 기이했다. 황량한 분위기를 풍기는 광장 위 하늘에는 이름 모를 새들이 미친 듯이 날갯짓을 하고 있다. 1200년이 된 낡은 성벽을 따라 메디나Medina 안으로 들어가면 모로코 어디에나 있는 자그마한 카페들이 뒤늦게 영업을 준비한다. 세계 최고의 미로라는 수식어답게 골목골목은 좁고 번잡하며 또한 황폐하다. 이 치열한 아름다움이 있는 페즈는 지나치게 높은 방값과 여기저기 들붙는 호객꾼 때문에 여행자들 사이에서 악명이 높다. 그 복잡한 골목을 나는 50디르함(7000원)짜리 숙소를 찾으려 여기저기 들쑤시고 다녔다. 도착 전에 검색한 블로그, 다른 여행자에게서 빌려본 론리 플래닛, 어디를 봐도 100디르함 이하의 숙소는 없었다. 성벽 밖의 75디르함의 유스호스텔. 그곳이 유일한 차선책이었다. 결국 유스호스텔에서 머물러야 하는구나 하고 풀이 죽었다.

땀에 젖은 머리칼, 질끈 묶은 머리, 배낭은 내 어깨를 짓눌러 한층 더 풀이 죽어 보이게 만들었다. 날은 덥고 모든 사람들이 '곤니찌와'라고 외치는 통에 한층 짜증이 났다. 의기소침한 내 눈동자와

눈이 맞은 한 작은 카페의 주인은 쉬다 가라며 텅 빈 의자의 한 편을 내밀었다. 신기하게도 옆에 있는 가게들은 다 바글바글한데 유독 그 가게에만 아무도 없었다. 낡고 초라한 분위기와 호객 행위를 하지 않는 탓일 거라고 생각했다. '쉬었다 가라고 해놓고 또 돈 달라고 하겠지.' 그의 말에 나는 어떠한 긍정도 부정도 하지 않았다. 마라케시에서 정말 모든 사람들이 여행객을 지갑으로 생각하는 통에 나는 상인이나 호객꾼들과 거의 말을 섞지 않은 상태였다. 심지어 때로는 거스름돈을 안 줘서 상인들과 몇 번 싸우기도 했다. 생각만 해도 지겨웠다.

그런 내 생각을 뚫어 보기라도 한 듯 그는 물었다.

"민트티 줄까? 돈 안 내도 돼. 그냥 네가 너무 지치고 힘들어 보여서."

"아니야. 괜찮아. 고마워. 나 조금 앉아 있다 가도 될까?"

"물론이지."

내 거절 의사는 상관하지 않는지 그는 따뜻한 민트티를 내왔고 괜히 마음이 시큰해진 내가 바라보자 그는 '괜찮아, 돈 안 내도 돼. 그냥 조금 쉬어. 뭐 원한다면 내든가' 하며 서글서글한 미소를 보내왔다. 사람을 편하게 해주는 묘한 분위기의 그에게 나도 모르는 새에 내 사정을 말하고 있었다. 가난한 배낭여행객인데, 저렴한 숙소를 찾지 못해 여기를 서성이는 거라고.

그는 자신이 동네에서 가장 저렴한 70디르함 숙소를 안다며 위치를 알려주었지만 비싼 숙소 값에 괜히 심통이 난 나는 그마저도 비싸다며 투정 아닌 투정을 부렸다. 삼천 원 차이가 한국에서야 아무것도 아니지만 지금 나에게는 큰 부담이 되었기 때문이다. 한참을 생각하던 그는 여기저기 전화를 걸기 시작했다. 몇 번의 통화 끝에 그는 마침내 웃어 보였고 잠시 후 그의 절친한 친구라는 수염 아저씨가 가게 앞으로 왔다. 그의 친구가 데려간 곳은 놀랍게도 꽤 고급 리야드riad(모로코 전통 가옥) 호텔이었다.

"미안하지만, 난 이런 곳에 머무를 수 없어. 꽤 비싸 보이는걸."

내가 조심스레 말하자 수염 아저씨는 걱정하지 말라고 든든한 미소를 보내며 설명했다. 지금 방이 하나 남으니 괜찮다며, 학생이 여행을 다니는 게 자신이 보기에는 무척 대견하니 그저 한국말 조금

과 태권도만 알려줘도 되고 자신의 딸과 가끔 놀아주기만 하면 된다고 했다. 그리고 만약 방에 예약이 차면 작은 옥탑방 하나를 내주겠다고까지 약속했다. 그러니 전혀 미안할 필요가 없으며 돈은 원하는 만큼 지불하면 된다고 말했다. 호텔에 도착하자 그곳에서 일하는 통통하고 인상 좋은 아주머니도 싱긋 웃으며 나를 반겼다.

"그럼, 50디르함에 머물러도 괜찮아? 대신 아침은 안 먹을게. 그 대신 난 다락방에서만 자도 괜찮아!"

"하하하, 아침밥 먹어도 좋아. 그럼 편히 쉬어."

그가 쥐어 준 열쇠를 받고 들어간 방은 나에게 과분했다. 호텔이라고 해도 손색이 없을 만큼 뛰어났다. 동화 속 공주님이 된 듯한 기분에 신이 나서 타이머를 맞춘 후 혼자 사진을 찍으며 놀았다. 나는 들뜬 마음을 주체 못하고 숙소에 머물던 다른 여행자들이 일어난 것 같은 인기척을 듣고 방을 나섰다.

투숙객들과 수다를 떨다가 옆방 아르헨티나 언니에게 물어보니 자신은 500디르함에, 윗방 캐나다 부부는 자그마치 1000디르함에 묵는단다.

미안함과 고마움에 고개를 못 들고 있는데 아줌마와 아저씨는 지친 나를 위해 아침 식사를 내왔다. 따끈한 오믈렛, 촉촉한 빵, 갓 짠 오렌지 주스, 거기다가 따뜻한 민트티까지. 허겁지겁 먹는 나를 보고는 모든 것이 괜찮냐며 부담 가지지 말고 시간을 가지라며 자리를 비켜주었다. 거한 아침상을 먹고는 다시금 나가 동네를 휘저었다. 숙소가 좋아서인지 아니면 기분이 좋아서인지 황량하고 삭막해 보이던 페즈가 참 따뜻하게 느껴졌다.

이튿날 해가 어스름하게 졌을 때 동네를 돌아다니다가 1디르함어치 아무 맛도 안 나는, 저렴한 빵 홉즈Khobz를 한가득 사와서는 숙소로 돌아왔다. 홉즈를 먹으려 하자 아저씨가 나를 불렀다. 밥을 먹

으러 가자고 했다. 숙소에서 얼마 안 걸리는 곳에 사는 그의 아내가 마중을 나왔다. 그들은 집으로 나를 이끌었다. 집에 들어가자마자 집 안에 있던 다섯 명의 아이들이 나에게 달려왔다. 커다란 눈망울로 올려다보며 손을 잡고 이끈다. 아이들은 나를 위해 서투른 공연을 해 보이고 그의 아내는 정성스레 내 팔에 헤나를 해주었다.

숙박업을 하는 아저씨를 제외하고는 아무도 말이 통하지 않는다. 하지만 그런 건 아무래도 상관없나 보다. 너 나 할 것 없이 나를 가득 안아주고 양 볼에 뽀뽀를 해주었다. 주방에서는 요리가 한창이다. 두 시간에 걸쳐 만든 모로칸 전통 음식을 먹는 나를 보고는 다들 환하게 웃으며 박수를 쳤다. 무슨 음식인지는 모르겠지만 엄마

가 해준 것만큼이나 맛있었다.

대가족의 일원이 된 것 같았다. 잔뜩 차오른 만족감에 웃음을 지었다. 그들은 내가 웃으면 그저 따라 웃는다. 내가 행복하니 더 행복해한다. 정을 안 붙이려고 해도 그게 쉽게 안 된다. 어느새 나는 아이들을 껴안고 그들과 눈을 마주한 채로 함께 있다.

여행 중에는 아무리 계속해서 친구를 사귀더라도 타지에 있다는 외로움이 말로 설명할 수 없을 만큼 스며든다. 외로움이 지독했던 나머지 내 가슴속 깊은 곳은 조금 문드러져 있었다. 엄마의 품이 그리웠고 뭐든지 따뜻한 미소로 이해해주던 친구가 그리웠다. 거리의 풍경, 어질러 놓은 내 침대, 모든 것이 그리웠다. 서글픈 외로움을 달고 다니던 나를 모로코 가족이 따스히 품어준다.

"씨스터, 너는 손님이 아니라 가족이야."

아침이 되면 나를 반기는 아침밥과 말 없는 미소. 밤중에 문을 두들기는 소리를 듣고 나가면 씩 웃으며 건네는 야식. 내 팔에 감기는 아이들의 따스한 체온과 사랑이 가득 담긴 그들의 입맞춤이 깊은 곳에 있던 내 마음을 살살 달랜다. 나는 그들을 꼭 다시 찾아오겠다고 다짐을 하며 그를 향해 미소 짓는다. 아무래도 키로 갔어야 할 복들이 인복으로 쏠렸나 보다.

며칠간 머물다 보니 어느새 동네 모든 사람들이 나를 하싼(아저씨의 이름)네 막냇동생이라고 부른다. 이곳을 떠나고 싶지 않았다. 며칠 내내 호텔의 다른 방들은 예약이 꽉 차 있다. 그런데 참 이상

하게도 내 방은 항상 예약이 없다. 나는 결국 다락방 문턱도 밟아 보지 못했다. 말 없는 배려에 가슴이 저릿하다. 글을 쓰느라 다소 진지한 표정으로 앉아 있자 수염 아저씨는 씩 웃으며 또 묻는다.

"Everything is okay? Take your time. sister."

○ 너와 함께 밤하늘의 별을 세다

마치 꿈속에 있는 기분이야.

이 시간을 우리가 만들어낸 것 같아.

서로의 꿈속에 나타나는 것처럼….

정말 멋진 건 이 밤이 계획된 게 아니란 거야.

그래선지 실감이 안 나.

아침이면 다시 호박으로 변할 거야.

넌 유리 구두가 내 발에 맞는지 보겠지.

꼭 맞을 거야.

–영화 〈비포 선라이즈Before Sunrise〉 중

페즈에 온 지 일주일째, 복잡한 미로 같은 골목이 조금은 익숙해져 갈 때쯤, 쉐프샤우엔Chefchaouen으로 떠나는 버스표를 산 후 언제나처럼 어스름해진 성벽을 따라 걷기 위해, 또 동네 사람들과 마지막 인사를 나누기 위해 거리로 나왔다. 날씨가 더워서 관광객이 거의 없던 탓인지 혹은 하도 내가 자주 돌아다니기 때문인지 골목 곳곳의 상점 주인들과 거리의 익숙한 주민들 모두 '샬람 알리쿰, 시내, 샬람 알리쿰, 꼬레아'라며 인사했다. 몇몇 여행객은 현지인만큼

곰살맞게 사람을 대하는 검은 머리 소녀가 신기한 듯 바라보았다. 페즈의 사람들이 참 좋았다. 그들은 항상 웃었고 모르는 사람에게도 언제나 밝게 인사해주었다. 가장 좋았던 점은 대화할 때 느껴지는 그들의 목소리가 참 따스하다는 것이다. 바가지를 씌워볼까 하다가도 조금만 친해지면 속을 훤히 보여주는 순수한 그들이 무척 좋아 모로코를 떠날 날이 얼마 남지 않았음에도 페즈를 뜰 수 없었다.

정말 굳게 마음먹고 버스표를 사고 나서 본 노을 진 낡은 성벽은

어쩐지 조금은 평소보다 탁한 빛을 띠고 있었다.

다행히 페즈에서 스페인으로 가는 티켓을 구매했기 때문에 다시 페즈로 돌아올 것이라고 약속할 수 있었다. 걷고 멈추고 인사하며 그들에게 작별을 고했다. 길을 걷다 늘 들리곤 하던 가죽 가게로 갔다. 북에 사용하는 가죽을 만드는 곳인데 언제나 고약한 냄새가 풍겼다. 언제나처럼 모로코 친구들은 어리바리해 보이는 서양인을 붙잡고 물건을 팔려고 귀찮을 정도로 말을 걸고 있었다. 처음 나한테 그랬던 것처럼 말이다.

"안녕 친구들. 너네 또 시작이구나. 하하"

"시내, 꼬레아! 하싼 막냇동생! 너 내일 페즈 떠난다며? 참 아쉽네."

자신을 귀찮게 하던 사람들의 관심이 나에게 집중되자 어리숙한 여행자는 나를 바라보았고 그의 시선과 마주친 나는 순간 당황해서 멋쩍게 웃어 보였다. 그런 어색한 상황에서 오지랖으로 둘째가라면 서러워할 모로코 친구들이 대신해서 인사를 시켜주었다.

"시내, 이 친구는 네덜란드에서 오늘 도착했대. 친구야, 이 작은 소녀의 이름은 시내고 한국이란 나라에서 왔대. 그 한국이란 나라는 이 친구처럼 작대!"

친구의 너스레에 나는 쑥스러워져서 그를 향해 고개만 살짝 까딱했다. 난 상황을 더 민망하게 만든 모로코 친구를 째려보았고, 네덜란드 친구는 그 모습을 보고 그 깊은 눈이 사라질 정도로 맑은 웃음을 지었다. 붙임성으로 둘째가라면 서러운 나였지만 민망한 상황

탓일까. 그를 제대로 쳐다볼 수 없었다. 빨리 어색한 상황을 뜨고 싶은 마음에 친구들에게 대충 인사를 하고 골목으로 나왔다. 네덜란드에서 왔다는 그도 귀찮은 상황을 피하고 싶었는지 내가 나오는 틈을 타 함께 나왔다. 좁은 골목 양쪽 벽에 붙어 우리는 각자의 길을 걸었다. 그 걷는 상황마저도 어색했던 나는 다시 한 번 멋쩍게 그에게 인사하고는 걸음 속도를 높였다.

"안녕, 코리아! 근데 너 어디를 그렇게 급하게 가는 거야?"

앞질러 가던 나를 따라잡은 그가 말을 걸었고 나는 그의 얼굴을 마주했다. 저물어가는 해와 어느새 뜨문뜨문해진 상점들, 고요한 공기는 왠지 모르게 안개가 핀 새벽처럼 몽환적이었다.

크지 않은 키에 다부진 체격, 깊은 눈과 그에 어울리는 초록빛도 푸른빛도 아닌 묘한 눈동자, 웃는 얼굴 탓인지 쳐진 예쁜 눈꼬리, 코랑 입, 그리고 다시 예쁜 눈. 반짝반짝 빛나는 눈동자를 다시 쳐다보았을 때는 분명 보았던 코와 조곤조곤 말하던 그의 입술, 손, 그가 입었던 옷, 어떤 것도 기억이 안 날 정도로 그 눈동자는 아름다웠다. 순간 정말로 아무 생각이 들지 않았다.

정신을 차려보니 나는 오늘 처음 모로코에 왔다는 그를 이끌고 목적지 없이 걷고 있었다. 정리되지 않은 머리와 크지 않은 키, 낮지도 높지도 않은 그의 다정하고도 호기심 많은 목소리. 만약 어린 왕자가 어른이 되었다면 이런 모습이지 않을까. 어쩌면 그는 사하라 사막에서 사막여우를 만나러 왔다가 기억을 잃고 커버린 채 이곳을 방황하는 게 아닐까.

함께 거리를 걸었다. 어느새 해는 졌지만 땅을 데운 열기는 아직 미지근히 남아 있었다. 길바닥 소쿠리 안에 담긴 초록빛 살구 열매를 30디르함에 사려는 그를 대신해 주인을 향해 씩 웃으며 3디르함을 내미자 주인은 어깨를 한 번 으쓱하더니 봉투 한가득 살구를 담아주었다. 그리고 그는 흐뭇한 미소를 나에게 보여주었다. 한입 베어 물더니 캑캑거리며 뱉어내는 그가 귀여워서 나도 한입 가득 베어 물었는데, 나 또한 인상을 찌푸린 채로 캑캑거리며 쓰디쓴 살구를 입 밖으로 뱉어야 했다. 뭐가 그렇게 우스웠는지 우리는 거리가 떠나가도록 웃었다.

나는 배가 불렀지만, 배가 고프다는 그를 위해 배가 고픈 척하고 그를 이끌고 항상 가던 단골 샌드위치 집으로 갔다. 홉즈를 갈라 그 사이에 정체불명의 고기(나중에 알고 봤더니 낙타고기였다)를 달달 볶아 넣은 뒤 향신료가 가득한 소스를 뿌리면 완성되는 싸구려 샌드위치를 길에서 먹었다. 그리고 또 걷다가 처음 나를 도와주었던 찻집에 갔다. 나는 오렌지주스를 그는 민트차를 시켰다. 스물넷, 아니면 스물여섯이었던가. 나보다 몇 살 많다던 그는 그래픽 디자인을 하는 사람이었다. 그가 컴퓨터로 그린 그림은 딱딱한 자동차도, 영화 같은 미래 도시도 아니었다.

깊은 호수, 햇살이 비치는 숲, 사막을 뛰노는 작은 여우들.

선 하나하나마다 따뜻함이 묻어 있는 그의 그림이 좋았다. 그림만 봐도 그가 그린 거라는 것을 알 수 있을 것 같았다.

그는 함께 차를 마시는 이 찻집이 정말 좋다고 했다. 유독 낡은 그 찻집은 몇백 년은 되었을 것 같은 나무를 베지 않고 나무 부분만 천장을 뚫어서 둘러쌌다. 그는 나무를 베지 않고 건물을 지은 사람이 정말 고맙다고 했다. 그와 함께 있으면 보이지 않는 것들이 보였다. 우리는 나무를 보면서 나무가 살아온 삶에 대해서 이야기를 나누었다.

우리는 함께 골목골목을 탐험했다. 모로코 전통 모자를 쓴 서로의 모습을 보며 배를 잡고 웃었다. 사실 그렇게 웃기지도 않았는데 왜 그렇게 즐거웠는지 모르겠다. 카메라를 꺼내 들었다. 문득 기차에서 봤던 영화 <비포 선라이즈>가 떠올랐다. 자막이 없어 열 번을 넘게 돌려봤던 이 영화 속에서 남녀는 여행지에서 만난 서로의 모습을 잊지 않으려고 카메라가 아닌 눈으로 서로를 찍는다. 나는 카메라를 꺼내 들어 그의 모습을 남기는 척하며 그의 장난기 가득한 미소를 내 눈에 담았다.

어느새 점점 가게들은 문을 닫기 시작했고 골목은 점점 어두워져 갔다. 하늘은 모처럼 구름 한 점 없이 맑았고 별들이 그의 모습을 볼 수 있게 빛났다.

"하늘 좀 봐, 사하라 사막에서 자던 날 밤이 생각나. 정말 아름다웠는데. 다시 누워서 하늘 속 별들과 마주하고 싶다."

내 말을 들은 그는 별을 볼 수 있는 가장 멋진 장소를 안다며 내 손을 잡고 이끌었다.

페즈에 처음 온 그 때문인지 혹은 더 함께 있고 싶은 나 때문인지 우리는 계속해서 길을 잃었다. 밤바람이 차가웠다. 그는 그가 입고 있던 재킷을 나에게 덮어 주었다. 결국 찾아낸 그의 숙소 옥상에 우리는 누웠다. 별자리 얘기를 나누었던 것 같다. 그리고 그는 나에게 남은 여행을 함께 하고 싶다고 했다. 마음속으로는 백 번이라도 더 버스표를 찢었지만, 짧은 여행 중에 사랑에는 죽어도 빠지지 않을 거라고 다짐했기에 조금 슬픈 표정을 한 그의 얼굴을 보지 않으려 했다. 열두 시가 다 됐다. 집에서 날 기다리던 아저씨가 전화를 했다.

그래, 이제 유리 구두를 벗자.

마법이 끝나기 전에 내가 먼저 벗는 편이 나을 거라고 생각했다. 성문 앞에서 아저씨는 기다리고 있었다. 그는 입고 가라며 재킷을 받지 않으려 했지만, 그의 온기와 냄새가 가득한 이 옷을 입고 있노라면 내 선택이 어리석었다고 여행 내내 후회할 것 같아서 그에게 돌려줬다. 아저씨는 왜 이렇게 늦었느냐며 꾸짖다가 그의 얼굴과 내 표정을 번갈아 보고는, 또 뒤돌아서 가는 그의 모습을 바라보는 나를 보고는, 그저 말없이 따뜻한 민트티를 한 잔 내왔다. 이른 아침 떠나야 하는 나는 밤을 새우며 멍하니 뚫린 천장에서 내려오는 바람을 맞았다.

문득, 새벽바람을 맞을 때면 그를 떠올리곤 한다. 얼굴도, 이름도, 나이도 그 어떤 것도 잘 생각나지 않는다. 모자를 쓰고 있는 사진

속 그를 보면 눈에 담아두었던 그때 그 장면들이 떠오른다. 하늘을 바라보는 그의 눈동자는 청명한 푸른빛으로 빛났고, 나를 바라보는 그의 눈동자는 아주 농도 짙은 녹색을 띠었다.

여행 중 언젠가 다른 친구에게 이 짧은 밤의 이야기를 들려주었다. 사랑을 하면 여행에 방해될 것 같아서 절대 하지 않기로 마음먹었다는 말도 변명처럼 덧붙여서. 진정한 자유 속에 있었다고 하고 싶지만, 어쩌면 나도 내가 만든 작은 틀 안에 갇혀 있던 것은 아닐까. 이야기를 들은 친구는 한마디를 툭 내뱉었다.

"너 인생 정말로 복잡하게 산다. 인생 뭐 있어? 하고 싶은 대로 하며 사는 거지."

만약 그의 제안에 따라 그와 함께 계속해서 모로코를 여행했다면 어땠을까. 그 과정이 나중에 돌아온 나에게 짐이 되었을까. 혹은 우리의 더 깊은 이야기가 여행의 일부로 녹아들었을까. 어쩌면 나의 모로코는 더 진한 색채로 채워졌을지도 모른다.

○ 쉐프샤우엔에서 만난 사람들

쉐프샤우엔Chefchaouen으로 가는 버스는 아침 버스였다. 페즈에서의 마지막 밤, 혼자 밤을 새운 나는 버스에 타자마자 깊은 잠에 곯아떨어졌다. 페즈에서 쉐프샤우엔까지는 다섯 시간 정도가 걸린다고 했다. 중간중간 버스가 휴게소에 멈출 때마다 나는 잠깐씩 눈을 떴지만 몹시 피곤한 나머지 그냥 잤다. 일어나니 어느새 도착하기 한 시간 전이었다.

그런데 정말 큰일이었다. 갑자기 용변이 급해진 것이다. 쉐프샤우엔이 산 위에 있는 작은 마을이라서 창밖으로 보이는 풍경은 산 중턱인 듯했다. 마음 같아서는 당장 버스를 멈추게 하고 싶었으나 왠지 모를 창피함에 나는 정말 입술에 피가 터질 정도로 깨물며 버텨냈다. 인도에서 걸린 방광염의 기억이 비집고 올라왔다. 참으면 절대 안 된다. 옆 사람에게 양해를 구하고 나와 쭈뼛쭈뼛 몸을 배배 꼬며 기사 아저씨한테 갔다. 도착 전에 휴게소가 있느냐고 물었지만 기사 아저씨는 웃으며 여기는 산 중턱이라고 말했다. 들릴 듯 말 듯 한 목소리로 'pee, please'라고 말하니 버스 안의 수많은 사람들이 나를 쳐다보는 것이 느껴졌다. 정말 도저히 참을 수 없었다.

결국 나는 버스를 멈춰달라고 요청했다. 친절한 아저씨는 특별히 아무도 버스 밖으로 나와서 날 관찰하지 못하도록 막아주었지만, 그 때문에 모든 사람의 이목이 더 집중되었다. 아무도 보이지 않을 만큼 떨어진 곳 수풀 뒤에서 일을 처리한 후 다시 버스 안으로 들어가니 모든 사람들이 박수를 쳐주며 휘파람을 불었다. 정말 부끄러워서 버스 밖으로 뛰쳐나가고 싶은 심정이었지만, 그런 반응을 보이면 더 웃을 것을 알기에 그런 정도의 창피함과 부끄러움은 신경 안 쓰는 쿨한 신세대 여성인 척 미소를 지으며 자리로 돌아왔다.

그래, 난 이 모로코의 쉐프샤우엔이란 땅에 내 흔적을 남기고 식물 배양에 힘을 쓰고 온 거야.

말도 안 되는 이유를 대면서 나 자신을 위로하자 시간은 금방 가서 이내 목적지에 도착했다. 인도 조드푸르 블루 시티의 블루는 블루가 아닐 정도로 파란 빛깔의 동화 마을이 나를 반겼다. 도착하자마자 이곳에 일주일은 머물러야겠다고 마음먹었을 정도로 사랑스러운 곳이었다. 쉐프샤우엔에서의 생활이 무척 기대되었다. 도시가 아름다웠던 이유도 있지만 만나기로 한두 사람이 있었기 때문이다.

당시 나는 페이스북에 여행기를 올리며 다녔는데 여행기에 감명받은 한국 남자분이 먹고 싶은 것이 있냐며 물었고, 자신도 곧 모로코 여행을 가는데 혹시 도시가 겹치면 내가 먹고 싶은 것을 사 와서 전해주겠다고 말했다. 그렇다. 내 소중한 '간짬뽕'을 쉐프샤우엔에서 받아보기로 한 것이었다.

또 한 명은 인도 푸리 게스트 하우스에서 장기 거주하던 일본인 친구 토시가 소개해준 한국인 친구였다. 이 친구도 내 페이스북을 보고 마침 루트도 비슷한데 만나보고 싶다고 했다고 한다. 나보다 어린 친구여서 여행하면서 한 번도 나보다 어린 사람을 본 적 없던 나는 설레기 시작했다.

쉐프샤우엔에서 그들이 올 날만을 손꼽아 기다렸다. 그런데 오기로 한 며칠 전부터 둘 다 연락이 안 됐다. 그래도 토시가 소개해준 친구에게는 어느 숙소인지 알려준 상태였지만 다른 한국인에게는 쉐프샤우엔에 갈 거라는 것 말고는 아무런 정보를 주지 않았다.

그런데 놀랍게도 그들은 동시에 내가 머물고 있는 숙소로 그것도 함께 들어왔다. 어찌 된 일인가 하니 한 사람은 인천공항에 휴대전화를 두고 왔고, 다른 한 사람은 입국하자마자 카사블랑카에서 휴대전화를 소매치기당했다고 한다. 그런데 카사블랑카 버스에서 우연히 둘이 마주쳤다고 한다. 서로 생판 모르는 사이였지만 여행자로 보이기에 얘기하다가 보니 둘 다 나를 만나러 온 것이라는 것이다.

우리의 즐거운 생활이 시작되었다. 함께 시장에 가서 장을 봐와서 맛있는 음식을 직접 해먹고, 동네를 돌아다니기도 하고 혹은 멍하니 보내기도 하며 시간을 보냈다. 나이 많은 한국 분은 어린 우리가 대견하다며 온갖 요리를 해주었다. 함께 장터에 가고, 함께 별을 보고, 함께 차를 마시고, 함께 산에 오르며 우리는 가족처럼 며칠을 보냈다. 가장 이국적인 곳에서 가장 한국다운 느낌을 받았다. 편안한 마음은

지쳐 있던 여행에 활력을 주었다. 23센티미터 차이가 나는 커다란 두 명을 이끌고 동네 여기저기 저렴한 맛집으로 데려갔다.

하지만 나는 곧 스페인으로 떠나야 했고 그들은 짧은 모로코 일정 탓에 다른 도시로 이동해야 했다.

이른 새벽, 그들은 떠났다. 어쩐지 마음이 예전처럼 울적해지지는 않았다. 미리 이별할 것을 알고 있어서였을까. 주방에서 나이 많은 한국 분이 전해 주고 간 간짬뽕을 먹었다. 그렇게 먹고 싶었던 간짬뽕은 내 기대만큼 맛있지도, 그렇다고 실망스럽지도 않았다.

그들이 떠난 쉐프샤우엔만이 여전히 청명한 푸른빛을 띠고 있었을 뿐이었다.

○ 그날, 밤하늘

낮잠을 실컷 잔 후 살짝 열려 있던 문을 활짝 열었다. 문 앞에는 조쉬가 멍한 눈빛과 새빨간 얼굴을 하고는 서성이고 있었다. 무슨 일이 있느냐의 나의 물음에 그제야 나를 바라보고는 곧 왈칵 눈물을 쏟았다.

조쉬는 호주에서 온 뮤지션이다. 커다란 키에 허리까지 오는 긴 금발 머리는 독특한 그의 정신세계와 참 잘 어울렸다. 보헤미안인지 히피족인지 어쩌면 피터 팬인지 구분이 안 가는 그의 자유로운 영혼은 나에게 신선한 미소를 머금은 채 다가왔다.

쉐프샤우엔에서의 게으른 일상이 좋았다. 느지막이 일어나면 조쉬는 게스트 하우스 리셉션 소파에 앉아서 나를 바라본다. 나는 대충 세수만 하고 조쉬와 광장에 나가 민트티를 시켜 오후 내내 앉아있었다. 마을 주민과 수다를 떨고 광장에 지나가는 예쁜 여자들에 대해 이야기하기도 하고 민트티에 꼬여든 벌들을 익사시키며 시간을 보냈다. 가끔은 조쉬가 하는 음악이나 한국에 대해서도 이야기했지만. 그의 빠른 호주 악센트를 내가 다 이해하긴 힘들어서 깊은 얘기는 하지 못했다. 비록 항상 우리 사이엔 시답지 않은 얘기만

이 오갔지만 항상 행복한 미소를 짓는 조쉬와 함께 있으면 나까지 즐거웠다. 어린 꼬마도 나이 든 할머니도 지나가던 강아지도 그에겐 모두 친구였고 모두 그를 좋아했다. 그렇게 항상 밝던 조쉬가 낯선 어둠을 껴입은 채 내 품에 안겨 울고 있다.

"조쉬, 대체 무슨 일이야."

"시내…. 나 어떡하면 좋아. 숨을 쉴 수가 없어."

"무슨 일인지는 모르겠지만 나는 괜찮으니 편하게 울어. 울고 싶은 만큼."

내 몸집의 두 배만 한 조쉬는 내 작은 토닥임에 자신을 맡긴 채 슬픔을 토해냈다. 조금 전 그의 아버지가 돌아가셨다고 했다. 조쉬는 내 표정을 보고 자신은 괜찮으니 걱정하지 말라며 오히려 날 안심시키려 했다. 호주로 돌아가는 가장 빠른 티켓을 구입하는 것을 도와주고 그를 보살폈다. 이틀간 쉐프샤우엔에 더 머물러야 한다고 했다. 그는 조금 걷다가 울다가 이내 실신하고는 했다. 처음 본 조쉬의 낯선 모습에 어떻게 대처해야 할지 몰랐다. 그는 그렇게 힘들어하고도 다시 괜찮아졌다며 자신과 함께 있어 달라고 했다. 우린 다시 시덥지 않은 이야기를 나누었다. 그는 예전과 다르게 멍하니 허공을 바라보고 이야기했다. 그러다가 나와 눈이 마주치기만 하면 울음을 다시 터트렸다. 도울 수 있는 것이 없었다. 가는 날까지 그와 언제나처럼 함께 있어 주기로 했다.

그날부터 쉐프샤우엔의 눈부신 아름다움이 미워졌다. 밝은 미소를 보내며 농담을 건네는 모로코 사람들이 공연히 싫었다. 조쉬랑 같이 광장에 나가 민트티를 마시기 전 항상 놀아주던 귀여운 꼬마 무함마드 아민이 보내는 미소도 더 이상 귀엽지 않았다. 지금 내 친구 조쉬는 이렇게 짙은 어둠 속에 갇혀 있는데 밝은 빛을 뽐내는 그네들이 더 이상 보고 싶지 않았다. 조쉬가 아픈데 나 혼자 행복하고 싶지도 않았다.

죽음에 대해 아무것도 몰랐다. 난, 태어났을 때부터 아빠란 존재가 없었기에 조쉬가 아빠를 얼마나 크게 느끼는지, 아무것도 알 수 없었다. 죽음이 남기는 것. 그 아픔의 수심이 어느 정도 깊이인지 가늠조차 하지 못했다. 다만 조쉬에게 느껴지는 깊은 고독의 냄새와 달라진 눈빛의 무게, 그의 작아진 어깨에서 가느다란 진동을 느끼며 친구의 아픔에 조금이나마 손을 댔다. 그런데도 그 아픔이 너무나 뜨거워 여물지 않은 내 손은 데이고 말았다.

조쉬가 떠나기 전날 밤, 조쉬의 팔을 잡아끌고 옥상으로 올라갔다. 산속 작은 마을은 참 고요했다. 그가 만든 음악을 들으며 하늘을 바라보았다. 조쉬는 나에게 항상 고마웠다고 말했다. 그리고 미안하다고 했다. 그날 밤하늘은 참으로 짙은 남색 빛이었다. 눈이 시릴 정도로 빛나는 노란 별빛이 미웠다. 별들은 계속 정수리를 콕콕 쪼아댔다. 하늘에 기다란 낚시채를 던져 영문도 모르고 빛나고 있는 저 달과 별들을 건져내고 싶었다. 얼른 더 짙은 어둠이 다가와 그의 눈물을 차라리 가려 주었으면 하고 생각했다. 나는 차마 그의 얼굴을 제대로 마주할 수 없었다. 그리고 다음 날 우리는 쉐프샤우엔을 떠났다. 그는 호주로, 나는 다시 페즈로.

쉐프샤우엔에 아픔의 감정은 남겨둔 채로.

조쉬와 함께 자주 놀던 꼬마 무함마드 아민.

광장에서 나를 발견하면 저 먼 곳에서부터 달려와 나를 넘어뜨리곤 했다.

길에서 헤나를 그려주는 내 또래인 아민의 엄마는 그런 나와 아민을 보고 그저 흐뭇한 미소만 지었을 뿐이다.

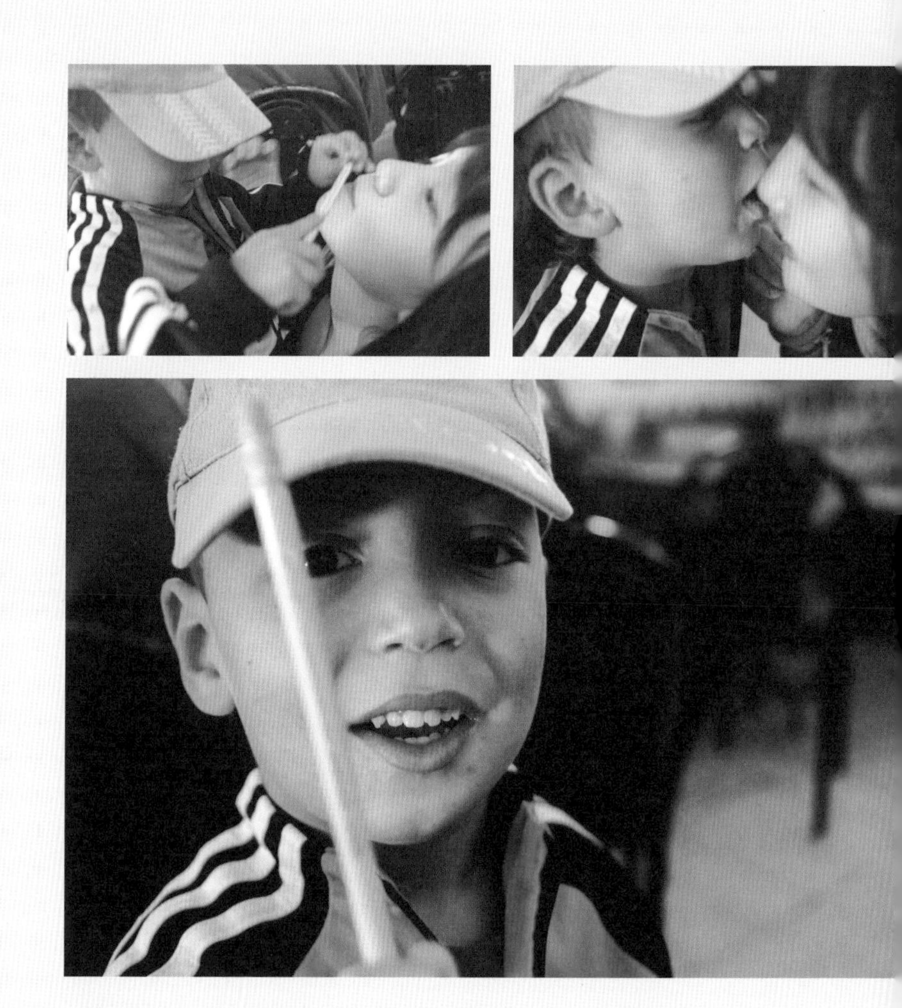

○ 모로코를 떠나며

모두가 떠난 쉐프샤우엔을 떠나 나도 페즈로 돌아왔다. 페즈의 내 가족들과 인사를 하고, 쉐프샤우엔에서 만났던 두 한국인이 곧 페즈로 올 예정이어서 그들에게 잘 부탁한다고 전하며 나는 스페인으로 갈 채비를 했다.

사실 여행 중에 유럽을 들를까 말까 고민을 많이 했다. 경비는 둘째 치고, 편견이지만 유럽 여행이라 함은 미술관도 가야 할 것 같고 박물관도 가야 할 것 같고, 사람 냄새 풍기는 여행을 할 수 있을까 의심되기도 했다. 이번 여행의 테마는 사람 냄새나는 여행이었기에 그동안 지독하게 사람 냄새가 풍기는 곳들을 누벼왔다. 그 진한 향에 코가 아려왔기에 이제 떠나도 된다고 생각했다. 살가운 관심의 시선들로부터 도망을 치는 느낌도 들었다.

이른 새벽부터 일어나 채비를 끝내니 하싼 아저씨는 아직 일어나지 않은 것 같았다. 아저씨의 가족을 그린 그림과 남은 모로코 돈 전부를 아저씨가 항상 읽는 책 사이에 끼워 놓고 문을 나섰다. 미로 같은 페즈가 편하게 느껴진 것은 아저씨와 그의 가족들 덕분일 거야. 벌써 그리웠다. 가족도, 일하시는 아주머니도, 내 손을 붙잡고 어딘가 항상 끌고 다녔던 그들의 어린 딸도. 나는 홀로 작별 인사를 했다. 아직 문을 열지 않은 골목 곳곳의 노점들에게도 인사를 했다. 사람들이 희미하게 보이는 듯했다. 항상 무뚝뚝하게 거스름돈만 주는 슈퍼 아저씨, 오백 원어치만 사도 며칠간 다 못 먹을 정도로 체리를 챙겨주시는 과일 가게 아저씨, 지나가기만 해도 하싼네 막냇동생을 반겨주는 모든 동네 사람들, 축구복을 입고 까불던 동네 꼬마들, 길거리 어디에나 볼 수 있는 고양이들,

모두 안녕.

바보같이 공항으로 가는, 한 시간당 한 대밖에 없는 버스 요금을 덜 챙겨왔다. 오래된 블로그 정보를 신뢰한 탓이었다. 곤란한 표정을 짓고 내리려 하자, 버스 기사는 자기 주머니에서 동전 하나를 꺼내 집어넣고는 타라고 한다. 미안해서 어쩔 줄 몰라 하자 그냥 싱긋 웃고 만다. 모로코는 정말 끝까지 이런 곳이구나. 모로코만의 오래된 냄새와 민트의 톡 쏘는 향이 뒤섞인 이 내음은 평생 잊히지 않을 거라는 생각이 들었다. 마지막 숨을 힘차게 들이마셨다.

첫인상이 좋지 않았던 모로코, 결국 나는 뒤늦게야 사랑에 빠지고는 이별을 고했다. 여행지와의 이별보다 여행자와 이별하는 느낌이 들었다. 사람 냄새 나는 곳을 이래서 여행하나 보다. 다가올 유럽 여행이 설레기도 했지만, 유럽을 이만큼 사랑하게 될 수 있을까 하는 생각이 들었다.

○ 카우치couch + 서핑surfing

소파를 파도 탄다?
요즘 전 세계 여행자들 사이에서 핫하게 떠오르는 '카우치 서핑'. 우리나라에선 아직 생소할 것이다. 현지인의 집에 있는 '카우치'를 찾아다니는 것. 호스트는 여행자에게 숙소를 제공해준다. 게다가 비용은 무료. 하지만 카우치 서핑을 단순한 '무료 숙박'이라고 생각하면 절대 안 된다. 내가 여행 중일 때는 서퍼로, 내가 여행 중이 아닐 때는 호스트로. 여행자끼리 문화를 공유하고 진득하게 교류하는 새로운 여행 '문화'이며 세계 각국의 친구들을 사귈 기회다. '카우치 서핑'은 현재 231개국 600만 명이 넘는 사람들이 이용 중이다.
에펠탑을 찾아 사진을 찍고, 가이드북 별 다섯 개짜리 추천 레스토랑에 가서 밥을 먹는 랜드마크 찍기 식의 여행은 이제 조금은 지루하다. 관광이 아닌 현지인의 삶 속에 빠져들어 가보는 진짜 여행, '카우치 서핑'이라면 가능하다!
한국인이 드글드글한 레스토랑 대신 뒷골목에 있는 진짜 맛집에서 저렴한 현지 음식을 맛보고 또, 화려한 샹젤리제 거리에서의 쇼핑 대신 벼룩시장에서 예쁜 빈티지 원피스를 1유로에 사는 쾌거를 맛볼 수 있다. 그뿐이겠나, 운이 좋으면 현지인과 파티도 즐길 수 있다. 그래도 난생처음 보는 낯선 외국인의 집에서 잠을 청한다는 게 과연 가능할까? 호기심보다 불안과 우려가 더 클 것이다. 호스트의 대가 없는 친절에 의구심이 들기도 한다. 신중에 신중을 기해 호스트를 선택한다면 잊지 못할 좋은 호스트를 만날 수 있다. 시작할 때 겁이 나서 공항에서 세 시간 내내 울었던 겁쟁이인 나마저도 그들의 진심 어린 마음 덕분에 어느새 녹아들었는걸.

“나에게 왜 이렇게 잘해주는 거야?“
“정말 바보 같은 질문이야. 우린 너에게 오히려 고마운걸. 널 통해 또 다른 여행을 하잖아. 직장을 다니느라 떠나지 못하지만, 여행자인 너와 함께 공유하는 시간은 우리에게는 또 다른 여행이야.”

○ Q&A

Q: 영어를 잘 못하는데 괜찮을까요?

A: 엄청난 영어 실력이 필요한 것은 아닙니다. 소수의 호스트가 서퍼에게 높은 수준의 영어 능력을 요구하는 프로필을 올려놓기도 하지만 대개의 호스트는 비영어권 국가에 거주한다면 크게 문제 삼지 않습니다. 사실, 비영어권 국가의 호스트 중 많은 사람이 영어를 잘하지 못하니까요. 손짓 발짓, 혹은 그림 그리기를 하는 분들도 있어요. 프로필을 작성하고 그림까지 사용해서 소통하면 오히려 더 유쾌한 대화를 나눌 수도 있어요. 제 능숙하지 못했던 영어 실력도 카우치 서핑을 하며 쑥쑥 늘어갔어요. 유창한 영어 실력보다 밝은 미소 덕분에 말이죠.

Q: 안전한 집을 구하는 법을 알려주세요!

A: 좋은 호스트를 구하려면 웹사이트에서 평을 꼼꼼히 살펴봐야 합니다. 좋은 후기가 100개 있더라도 나쁜 후기가 단 하나 있으면 그 호스트는 피하는 것이 좋습니다.
그리고 여자 혼자일 경우에 남자 혼자 사는 집은 절대 금물입니다. 가장 좋은 방법은 여성, 대가족, 부부인 호스트를 선택하는 것입니다.
아기가 있는 집을 고르는 것도 좋아요. 선택할 수 있는 필터가 생겼거든요.
요즘은 여행 중 외로울 때 아이 있는 집을 선택해 카우치 서핑을 합니다.
여행이 보다 따스해진다는 것을 온전히 느끼게 되어요.
호스트가 안내한 정보를 꼼꼼히 읽고 사진도 참조하는 것이 좋습니다. 각방 여부, 가족 사항 여부 등 꼼꼼하게 숙지하시고 선택 후 신청해야 합니다. 각 사이트에서 주는 인증마크를 받은 호스트를 선택하는 것이 좀 더 안전한 방법이겠지요.

저는 모로코에서 한차례 카우치 서핑을 실패한 후 유럽 지역에서만 카우치 서핑으로 여행했습니다. 카우치 서핑이 대중화된 지역인 유럽 지역에서만 카우치 서핑을 이용하는 것도 좋은 방법입니다.

Q: 더 즐거운 카우치 서핑을 하기 위한 팁을 알려주세요!

A: 우선적으로 지켜야 할 것은 기본 예의입니다. 카우치 서핑을 '무료 숙박'이라고 생각하면 안 됩니다. 문화를 교류하고 서로에게 도움을 주는 여행 문화라고 생각하고 지켜야 할 기본적인 수칙들을 지키고, 또 나는 호스트에게 무엇을 해줄 수 있는가를 고민해야 합니다. 그리고 본인의 세안 도구 정도는 챙기는 게 좋아요. 옷가지를 세탁하거나 늦게 귀가할 때는 호스트에게 양해를 구해야 합니다. 실제로 많은 호스트들이 잠만 자러 오거나 와이파이 번호만 물어보고 대화는커녕 인터넷만 하는 몇몇 서퍼들 때문에 많이 실망했다고 해요. 또 필수는 아니지만 호스트를 위한 작은 선물을 준비하는 것도 좋아요. 가격이 비싼 것은 호스트들도 부담스러워하니 인사동에서 파는 한국적인 수첩이나 책갈피 등 작은 것으로 준비하세요. 한국의 귀여운 캐릭터 양말도 인기가 많다고 해요. 저는 유럽 전에 방문한 국가인 모로코에서 산 작은 선물과 호스트들을 그린 그림을 선물해주었어요. 다들 어찌나 기뻐하던지! 할 줄 아는 요리가 있다면 간단하게 호스트에게 한국 요리를 해주는 것도 좋아요. 수십 번의 경험 중 가장 인기 있었던 요리는 닭백숙이었어요. 번갈아가며 각 나라의 요리를 만들어 먹는 것도 카우치 서핑에서 빼놓을 수 없는 재미 중 하나입니다. 한국에서 먼저 호스트를 해보며 카우치 서핑 경험을 쌓아보는 것은 어떨까요?

○ 그로부터 6년 후, 28살의 내가 그리는 모로코

사하라 사막, 쉐프샤우엔, 지중해… 유럽과 인도가 섞인 듯한 곳.
갖가지 색을 담은 모로코는 아직도 내게 숱한 추억을 남겨준 여행지로 기억되고 있다.
사하라 사막에서 나는 모래에 누워 카를라 브루니Carla Bruni의 라무르L'amour라는 노래를 반복 재생해서 들었는데, 아직도 그 밤의 별들이 그리운 밤이면 나는 이 노래를 틀고 가만히 눈을 감는다.
사막의 바람과 별이 온전히 감은 눈 속으로 가득 차고는 한다.
사기꾼들이 발에 채도록 많다는 모로코지만 내게 있어서는 조금 다르다. 따스함을 훨씬 많이 느낀 나라였으니까.

종종 그들과 그곳을 떠올려본다.
페즈에 다시 가면 올드타운 깊숙이 자리 잡은 나의 가족의 집을 찾을 수 있을까?
에싸우이라에서 그렇게 먹고 싶던 새우를 지금 가면 배 터지게 먹을 수 있을 텐데.
조쉬는 이제 울지 않겠지. 그날 밤의 별이 그를 안아준 것처럼 누군가가 위안을 건넸겠지.
그는 잘 지낼까? 어쩌면 결혼했을지도 모르지.
쉐프샤우엔에서 팔던 샌드위치들은 여전히 그 맛일까?
그곳에서 만난 영훈이란 한국인 친구는 자기가 제일 좋아하는 곳이 모로코라는데, 그 아이는 다시 그곳을 찾을 수 있을까?

내게 도움을 주었던 피디님은 몇 해 전에 연락이 끊겼다. 제주도로 거주지를 옮기셨다고 한다. 그리고 그때 받은 10만 원은 내 마음속에 아직도 남아서 가끔 여행 중인 나의 모습을 한 누군가를 볼 때 같은 금액을 쥐어 주고는 한다.

내 기억 속의 모로코 그대로를 남겨두고 싶어 그곳을 다시 찾아가기가 두렵다. 돈이 없었기 때문에 더 많은 이야기가 생겼던 그곳에서의 여행이 추억으로 아름답게 남아 있기를 바랄 뿐이다.

DEPARTURE

•

INDIA

•

MOROCCO

EUROPE

EGYPT

•

RETURN

○ 참 미운 스페인, 참 미운 안시내

여행한 지 세 달 만에 드디어 유럽 입성이다. 떠남을 언제 아쉬워했냐는 듯 씩씩하게 공항을 나섰다. 왠지 예감이 좋았다. 스페인은 공항을 나서자마자 남달랐다. 배낭을 멘 나에게 누구나 미소와 함께 인사를 보내주곤 했는데 손을 들어 힘차게 'Enjoy your travel' 혹은 'Bon voyage'라며 인사를 건넸다.

잔잔히 퍼지는 음악 소리와 여기저기 있는 맥도날드, 배낭을 당장 버리고 캐리어를 끌고 싶게 만드는 잘 정비된 도로까지. 오래간만에 맛보는 문명의 달콤함을 들이켰다. 이상하게 마음이 편했다. 바르셀로나는 작은 부산 같았고 잠깐 한국으로 돌아온 듯한 느낌까지 들었다(물론 부산이 훨씬 아름답지만). 어디를 가도 싱긋 웃어주는 사람들과 손을 흔들어주는 유쾌한 스페인 사람들 덕에 한층 더 들떴다.

돈이 없이 와도 좋다.

어디를 가나 음악이 들리고 시끌벅적하다.

어디를 가나 누군가를 위한 공연이 있다.

사람들은 유쾌하다.

배낭을 멘 여행객을 힘차게 반겨준다.

귀여운 비보이들이 메일 주소를 물어본다.

기분이 좋다.

오기 전부터 스페인의 악명 높은 소매치기에 대해서는 익히 들었고, 나의 스페인 첫 카우치 서핑 호스트가 소매치기 조심하라고 누누이 이야기했지만 험난한 나라들을 거쳐 온 탓인지 긴장이 풀리고 자만해진 나는 교만한 마음이 들었다.

'왜 저렇게 오버할까. 보이지도 않는데. 대체 소매치기가 어디 있어' 하며 그동안 잔뜩 안고 있던 경계를 풀어 버렸다. 이튿날, 사건은 터지고 말았다. 나는 내 중국인 호스트인 왕과 함께 바르셀로나의 전경을 구경할 수 있는 몬주익성으로 가고 있었다. 가는 도중 공원에서 스페인 전통 춤 플라멩코를 추는 아름다운 노부부를 발견했다. 나는 벤치에 앉아 공연을 보고 가자고 왕을 꼬드겼다. 벤치에 앉아 공연을 보며 선크림을 발랐다. 아무 생각 없이 한국에서처럼 휴대전화기를 몸 옆에 놓고 있었는데, 그때 옆에서 같이 공연을 보던 한 부부가 우리에게 스페인어로 무어라 소리쳤다. 그들은 저 먼 곳을 손가락질하며 무어라 말했고 스페인어를 하나도 모르는 우리는 손짓 발짓을 해가며 그들과 대화했다.

그들은 가방을 확인해보라고 했다. 가방을 열었을 때 사라진 것은 아무것도 없었다. 불현듯 내 몸 옆에 두었던 휴대전화기가 생각났다. 맙소사! 벤치 뒤편에서 슬금슬금 다가온 소매치기범이 소리소문없이 손을 쑥 뻗어 집어간 것이다. 내가 미련하게 선크림을 바르는 사이에. 왕과 나는 소매치기범이 사라진 방향으로 달려갔지만 결국 잡을 수 없었다. 이럴 수가. 항상 긴장 상태로 다닌 덕분에 한국에서 매일 무언가를 잃어버리던 내가 여행 중에는 먼지 한 톨도 잃어버리지 않았는데. 내 휴대전화기는 비록 2년이 된 낡은 기계이긴 했지만, 거기에는 휴대전화기로 찍은 모든 여행 사진이 들어 있었다. 어디 올리지도 못하고 혼자 간직했던 인도 꼬마 싸마디의 사진이나 모로코 꼬마 무함마드 아민의 귀여운 동영상들, 또 이천 개가량의 소중한 추억들이 고스란히 그놈의 손에 넘어간 것이다. 한 시간에 사진 한 장 정도 올라가는 느린 인터넷 속도 탓에 백업을 해놓은 것은 10분의 1도 되지 않았기에 가슴이 아렸다. 하지만 멍하니 있는다고 뭐가 달라지겠는가. 나는 다음 날이 만기인 여행자 보험을 떠올렸고, 그 길로 경찰서로 향했다(인도에서 릭샤 기사 아저씨랑 싸우다 경찰서에 갔을 때가 불현듯 생각났다).

경찰서 안에는 사람이 열 명 정도 있었는데 놀랍게도 모두 소매치기 피해자였다. 살짝 흥분한 나 대신 왕이 상황 설명을 해준 덕분에 신속하게 해결할 수 있었다. 보험으로 모든 비용을 보상받을 수 있었지만 사라진 사진만 생각하면 가슴이 너무 아팠다. 모로코에서 오자마자 소매치기를 당한 친구를 뻔히 봤으면서도 막연히 남의 일이라 생각하다니…. 긴장이 풀린 나를 꾸짖는 신의 계시인 듯했다. 의외로 주로 소매치기를 당하는 사람은 초보 여행자가 아니라 여행을 오래 하거나 혹은 어려운 여행지에서 넘어온 사람들이라고 한다. 다른 여행자들을 보니 복대는 물론이고 자물쇠로 가방을 잠그고 옷핀으로 지퍼를 이중 잠금 하는 등 센스를 발휘하고 있었다. 소매치기범이 비집고 들어올 틈이 없었다. 나는 오랫동안 여행을 하면서 땀이 많이 차는 복대를 이미 배낭 구석에 처박아버렸다. 선진화된 나라에 있다는 그 알량한 과신 탓에 이런 사단이 벌어진 것이다. '인도에서도 괜찮았는데 뭐 별일 있겠어?'라는 미련한 생각을 했다(정작 인도에서는 자물쇠로 꼭꼭 채우고 다녔으면서). 항상 다른 사람들에게 정신만 똑바로 차리면 아무 일 없다고 말하는 내가 정신 줄을 놓은 채 소매치기범의 아지트를 누비다니. 소매치기도 충격이었지만 긴장이 풀려버린 내가 너무 한심했다. 소매치기 사건 이후, 나는 가방을 온몸으로 감싸고 주위 사람들을 은근슬쩍 경계의 눈빛으로 바라보았다. 하루 동안 소매치기범이 다른 사람의 물건을 훔치는 것을 무려 세 번이나 볼 수 있었다. 지하철에서 소매치기범을 때려잡은 아주머니, 음식점에서 주인이 고개를 돌린 사이 음식을 아무렇지도 않게 주인 돈을 가방에 넣어가는 사람, 심지어 설문조사를 하는 척하며 물건을 훔쳐 가는 사람까지! 모두 하루 사이에 목격했다. 주의를 열고 바라보니 모든 것이 보였다. 이 사건은 지극히 나태해진 나에게 정신을 차리라고 꾸중하는 매였다. 모든 것은 부주의 탓이었다. 아름다워 보이던 스페인이 순식간에 싫어졌다.

인사를 하는 사람들마저 미웠다. 다음 날 멍하니 홀로 카탈루냐 광장의 분수대 근처를 걷는데 비둘기들이 한 할아버지를 완전히 둘러싸고 있었다. 가까이 가서 보니 할아버지는 크루아상을 떼어서 비둘기에게 던져 주고 있었다. 멍하니 바라보는 나에게 할아버지는 말을 걸었다. "너도 한번 해봐." 할아버지는 미소를 건네면서 크루아상 하나를 통째로 주었다. 왠지 이상했다. 혹시 이것도 집시의 사기 중 하나가 아닐까 하는 생각이 들어 괜찮다고 했지만 할아버지는 빵을 손에 쥐어 주며 한 번 더 권했다. 인도에서 매일같이 외치던 'No Money'가 내 입에서 흘러나왔다.

"저 돈 없어요."

"그래서 그게 왜?"

"빵 가격을 지불할 수 없어요."

할아버지는 호탕하게 웃었다. 자신 또한 시리아에서 온 타지 사람이며 비둘기들이 모여드는 게 좋아 종종 이렇게 나와서 빵을 사서 던지곤 한다고 했다. 돈을 받을 생각조차 없다고 했다. 나는 얼

굴이 빨갛게 달아올랐다. 안시내, 참 밉상이다. 어쩜 이렇게 못난 짓만 골라서 할까.

죄송해서 고개도 못 드는 나를 보며 할아버지는 괜찮다며 지금 아닌 걸 알면 됐지 않냐고. 소매치기를 당해서 나도 모르게 지나치게 경계했다고 사과하자 할아버지는 나에게 빵을 다시 쥐어 주었다.

"던져봐, 분명 기분이 괜찮을 거야."

허공을 향해 빵 조각들을 던졌다. 광장에 있던 비둘기들이 모두 나에게로 몰려들었다.

빵 하나가 다 없어질 때까지 그렇게 조금씩 빵을 떼서 던졌다. 할아버지 말대로 어쩐지 기분이 조금씩 나아지는 것 같았다.

○ 센강변의 어린왕자

파리는 강렬하게 아름답기에 참으로 고독했다. 파리가 점차 지겨워졌다. 파리에서의 일주일은 이곳이 지독하게 빛나기에 더욱더 비참했다. 손을 잡고 거니는 행복한 표정의 연인들, 소풍 나온 가족들, 수많은 영화에서 보던, 내가 생각한 그 모습 그대로의 파리였다. 꾀죄죄한 얼굴에 커다란 배낭을 멘 나는 이곳에 어울리지 않는 색깔의 사람인 것 같았다. 그 어느 때보다 초라했다. 파리를 유랑한 지 일주일째였을까. 무얼 할지 몰라 무작정 걷고 또 걸었다. 미리 열 개를 사두었던 파리 지하철 표는 하도 걸어 다녀서 채 반도 쓰지 않았다. 표 값이 조금 아까웠지만, 그 골목을 거니는 아름다움, 햇살의 눈부심, 어디에서나 보이는 에펠탑의 로맨틱함을 놓치고 싶진 않았다.

길을 걷다가 아름다운 꽃이 즐비하게 놓여 있는 작은 꽃가게를 보았다. 이름 모를 작은 들꽃으로 만든 꽃다발이 2유로도 하지 않았다. 지갑을 열어보니 딱 5유로가 있었다. 이상하게 걸음을 뗄 수 없었다. 그날의 날씨 때문인지 혹은 파리의 낭만 때문인지 그 꽃다발은 정말이지 사지 않으면 평생을 후회할 만큼 예뻤다. 문득 태어나서 꽃다발을 한 번도 받아본 적 없다는 생각이 들었다. 아직 그럴

게 사랑스러운 아이가 아닌 걸까. 나에게 선물을 주고 싶었다. 그 꽃다발을 들고 있으면 지금 내가 서 있는 이곳에서 가장 사랑스러운 아이가 될 것 같았다. 그런데 내 낭만은 빈 주머니에 지고 말았다. 2유로짜리 커다란 낭만보다 24개가 들어 있는 빵 뭉치가 더 생각났다. 결국 나는 꽃을 뒤로하고 걸었다. 어딘가에 앉아 쉬고 싶었다.

센Seine강을 보고 싶었다.

한참을 걷다 외로움에 지쳐 강변에 앉았다. 시리아 할아버지에게 배운 대로, 먹다 남은 빵 부스러기를 발 앞으로 던지니 비둘기 한 마리가 곁으로 다가왔다. 화구를 어지럽게 늘어놓고 그림을 그리던 화가와 눈이 마주쳤다. 센강이 자신의 것이라고 자랑하던 그는 비둘기와 나를 번갈아 보고 미소 짓더니 내 곁에 앉아도 되느냐고 정중하게 물었다. 그의 센강인데 내가 대답할 자격이나 있을까 싶었지만 그러라고 했다. 걷고 얘기하다가 앉아서 얘기하고 센강의 잔잔한 숨결을 들으며 또 이야기했다.

"넌 꿈이 뭐야?"

뭐가 되고 싶냐고 묻는 내 질문에 그는 의아한 표정으로 바라보았다.

"이를테면 엄청난 부자나 아니면 저 앞에 걸린 고흐처럼 유명한 화가 말이야. 네가 되고 싶은 것."

맞은편의 오르세 미술관에 걸려있던 고흐의 그림을 가리키며 나는 부연 설명을 했고 내 어리석은 질문에 그는 한 치의 고민도 없이 대답했다.

"나는 행복할 만큼 충분히 돈을 이미 가지고 있어. 너에게 밥을 사주려면 단지 저기 서서 그림 한 장만 팔면 돼. 그리고 내가 그림을 그리는 저 다리에선 내가 제일 유명해. 모든 사람들이 내 그림을 보고 황홀한 미소를 짓지. 그리고 무엇보다 나는 자유로워. 행복할 수 있는 충분한 시간이 있어. 오늘 너를 만나서 행복하기에 그림은 내일 팔면 되는 거야. 그저 내 꿈은 지금처럼만, 지금 같은 마음을 간직한 채로 평생 사는 거야."

진한 에스프레소를 들이키고 싶다는 그를 따라나섰다. 센강변을 힘차게 내달렸다. 그는 이 다리 밑의 그늘진 터널에선 까만 냄새가 난다고 했다. 까만 냄새가 무엇인지 잘 모르겠지만 그를 따라 무작정 코를 막고 달렸다. 센강의 비린 냄새와 까만 향이 손 틈새로 비집고 들어왔다. 골목에 있는 그의 단골 카페에 갔다. 그는 에스프레소를 시켰고 아메리카노도 못 먹는 나는 그를 따라 같은 것을 주문했다. 어렸을 적부터 막연히 진정한 어른이 되는 것은 뜨거운 탕에 들어가 시원하다고 말하고 달달한 믹스커피보다 쓴 에스프레소를 먹는 거라 생각했다. 나에게 어른은 그랬다. 그를 따라 에스프레소를 들이켰다. 작은 잔에 담긴 짙은 빛의 커피는 더 이상 내게도 쓰지 않았다. 그는 그가 가장 사랑하는 그림을 나에게 쥐어 주었다. 기괴한 코뿔소가 그가 한 번도 떠난 적이 없는 도시 파리를 안고 있었다.

어떤 나라를 가고 싶냐는 내 질문에 맑은 하늘을 보며 '달'이라고 대답하던 거리의 화가. 그는 계속해서 그의 별에서 자유롭게 유영해가겠지.

날씨는 정말로 딱 좋았다. 따사로울 정도만 비치는 햇살에 바람은 살랑살랑 불었다. 그가 그림을 파는 동안 나는 옆에서 글을 쓰고 무슨 글이냐고 묻는 질문에 너에 관한 글을 쓴다고 대답했다. 대답을 듣고 그는 아이 같은 함박웃음을 지었다. 그 웃음과 함께 햇살이 센강에 아련히 비치던 그런 아름다운 오후였다. 그가 내민 그림은 아까 봤던 그 어여쁜 꽃다발처럼 밝게 빛나고 있었다.

○ 나의 마지막 호스트, 부자 세쌍둥이를 만나다

유럽에서 어느새 열 명이 넘는 호스트들과 친구가 된 나는 이제 유럽 여행을 마무리하고 이집트로 넘어갈 터였다.

유럽에서 마지막이 될 호스트들을 만났다. 그들이 등장하자마자 웃음이 터지고 말았다. 신기할 정도로 똑같이 생긴 두 명의 남자였다.

막 호주에서 6개월간 여행을 하다 온 쌍둥이 호스트(사실은 세 쌍둥이인데 한 명은 결혼했기 때문에 배신자라서 제외했다고 했다)는 이탈리아의 작고 아름다운 마을 트레비소Treviso에서 할머니, 할아버지, 부모님 그리고 사랑스러운 강아지 둘, 고양이 한 마리와 살고 있다고 자신을 설명했다. 첫 만남부터 투닥투닥 수다스럽고 유쾌한 그들 덕분에 내 마음은 편해졌고 자연스럽게 농담을 할 때쯤 그들의 집에 도착했다. 나는 말을 이을 수 없었다. 대문을 열고 차를 타고, 가도 가도 집이 나오지 않았다. 한참을 가니 영화에서나 보던 그런 저택이 나를 반겼다. 위압감이 느껴지기보다 아름다웠다. 전부 수풀로 뒤덮여 있었기 때문이다. 여기가 동화 속 나라인지 현실인지 혼돈할 정도였다. 넓은 정원, 차보다 비싼 자전거, 집만큼 비싼 자동차, 심지어는 정원 안에 와인 농장과 벼 농장까지 있을 정도로 모자랄 게 없었다. 어마어마한 정원과 달리 작고 소박한 집 내부에는 따뜻한 분위기가 감돌았다. 카우치 서핑에서 찾아본 집 소개에 주로 내부 사진만 있어 그저 괜찮은 곳이구나 생각했는데, 이 정도의 저택일 줄은 꿈에도 몰랐다. 내 반응을 보았는지 그들은 이곳 트레비소 사람들은 너 나 할 것 없이 충분한 부를 누리고 산다고 했다. 이탈리아의 부자 마을이란다. 그들은 좋은 옷을 입고, 좋은 집에, 좋은 차까지 가지고 있다고 했다. 하지만 마을의 다른 사람들은 이상하게도 항상 돈에 대해 걱정하고, 돈에 대해 이야기하면서, 돈에 관한 이야기를 할 때면 인상이 구겨진다며, 참 이상하다고 말하는 그들의 눈동자는 아직도 십 대인 것처럼 반짝반짝 빛이 났다. 아직 피터 팬인 그들은 때 묻지 않은 마음으로 그들을 '병든 사람들'이라고 표현했다. 차고 넘칠 만큼 부자인 그들은 돈을 벌기 위해서가 아니라 경험을 하려고 호주 워킹 홀리데이를 다녀왔다고 했다. 취미생활인 자전거에 투자하는 것 외에는 저가의 스포츠 브랜드를 입고 조금 더 저렴하다는 이유로 외식보다 직접 요리를 해 먹는다. 누가 말해주지 않으면 그들이 부자라는 것을 전혀 눈치 못 챌 정도로 대화 내용도 소박했다.

그들은 '병든 사람들'을 싫어했다.

"이곳 이탈리아 사람들은 병들었어. 저 사람들 좀 봐. 또 돈에 대해 이야기하고 있어. 너도 알겠지만 고급 브랜드의 좋은 옷을 입은 저들은 충분히 부자야. 그런데 또 돈에 대한 걱정을 해. 그들은 부

자지만 그것을 몰라. 그들은 마음이 병들었어. 요즘은 모두들 많이 아파."

어쩌면 진정한 부자는 부가 아닌 마음이 가득 차야 하는 게 아닐까. 돈이 없더라도 마음이 행복으로 가득 차야 부를 진정 향유한다고 말할 수 있는 게 아닐까.

우리는 함께하는 짧은 나날 동안 참 행복했다. 그들은 돈 이야기를 하나도 안 하면서도 재미있기까지 한 여행자인 '나'를 만나서 즐겁다고 했고 나는 그들과 함께 거닌 베네치아가 참 좋았다. 온 가족이 함께 즐긴 어느 날의 파티가 즐거웠고, 영어를 한마디도 못해 그저 끌어안아주는 그들의 어머니가 좋았다. 낮잠을 자면 내 옆에서 함께 드러눕는 그들의 애완견이 좋았고, 해가 중천에 뜨면 나무 그늘 아래에서 시원한 침대가 되어주는 마당의 해먹이 좋았다.

이집트로 가는 내 비행기표를 찢어버리자며 장난을 치는 그들이 좋았고 모바일 티켓이라고 말하자 진심으로 슬퍼하는 그들이 매우 귀여웠다. 그들은 작별 인사를 하는 내게 '우리는 한국에서든 이탈리아에서든 반드시 다시 볼 것이니 슬퍼하는 표정을 조금이라도 보이면 혼낸다'며 끝까지 장난을 쳤다. 반년이 지난 지금도 아직 '병들지 않은' 그들은 아직까지도 종종 장난거리가 생기면 나에게 말을 건다.

"시내, 엄마 셔츠를 사는데 핑크색이 좋을까 흰색이 좋을까?"

"흰색"

"고마워! 그럼 핑크색으로 살게."

나의 이탈리아는 그들과 함께했던 시간들로 온전히 메워진 것 같다. 내가 느꼈던 외로움들, 고립감들은 어느새 베네치아 수로에서 씻겨 나갔다.

Element

○ 유럽 소매치기 유형

어쩌면 안전해 보일 수도 있는, 대부분이 그렇다고 말하는 유럽. 그러나 방심은 절대 금물입니다. 소매치기와 집시의 천국이라는 것을 꼭 양지하고 주의하면서 유럽 여행을 떠나세요. 특히 복대를 이용하지 않는다면 보조 가방에 자물쇠는 필수입니다. 여행자 보험도 꼭 챙기세요.
그럼 몇 가지 소매치기 유형을 알아보고 피해쳐 보겠습니다.!

"사복 경찰입니다. 신분증을 보여주시죠."
경찰이라며 신분증을 요구하며 다가온다면, 속지 마세요. 소매치기 집단입니다. 지갑을 꺼내는 순간 지갑을 들고 도망가거나 혹은 나중에 신분증을 불법 복제하기도 합니다.
계속 요구할 경우 경찰서로 가면 협력해 준다고 하세요.

"옷에 새똥이 묻었어요, 제가 닦아드릴게요."
특히 사람이 붐비는 공원이나 광장에서 옷에 아이스크림, 음료, 심지어는 새똥 등의 이물질을 묻히고 '너 옷에 뭐 묻었어' 하면서 닦아주는 척하면서 소매치기를 합니다. 주로 2인 1조로 활동하죠.

"가난한 아이들을 위해 서명해 주세요."
특히, 에펠탑 근처에 많습니다. 서명판이 시야를 가리는 순간 서명판 밑으로 그들은 행동 개시를 합니다. 소매치기가 아니더라도 서명을 했으니 기부금을 내라고 하기도 하죠. 이럴 땐 영어를 못 하는 척하며 피하는 것이 최선입니다.

"행운의 실팔찌를 채워드립니다."
특히 몽마르트르 언덕에서 자주 일어나는 소매치기 유형. 집시들이 떼로 몰려와 억지로 실팔찌를 채운 후 돈을 요구하거나 팔찌를 푸는 동안 소매치기를 합니다.

음식점과 카페에서도 항상 주의를!
음식점에서 밥을 먹거나 노천카페에서 커피 한잔을 할 때 휴대품을 절대 테이블에 둬서는 안 됩니다. 잠시 한눈파는 사이 놈들이 가져가 버리죠. 무릎 위에 소지품을 놓거나 보조 가방을 품에 안는 게 좋습니다.

이런 특별한 경우 외에도 소매치기는 어디에서나 존재합니다. 특히, 지하철과 광장에서 많이 활동하며 주의를 집중하고 거리를 돌아다니면 여기저기서 소매치기를 하는 모습들을 실제로 많이 볼 수 있을 겁니다. 반드시 조심하고 긴장의 끈을 놓지 마세요.
주의를 했음에도 소매치기를 당했다면 경찰서로 직행하세요. 사고 경위서를 작성한 후 귀국해서 여행자 보험사에 자료를 보내면 어느 정도 보상받을 수 있답니다.

○ 스페인 저렴하게 여행하기

유럽으로 넘어오면서 경비 때문에 걱정이 이만저만이 아니었는데 괜히 너무 아끼다간 이도 저도 안 될 것 같아 유럽에선 유럽답게 쓰자고 마음먹고 200유로(1유로=1390원)를 인출했습니다. 하지만 역시 사람 마음이 뜻대로 안 되는지라 7박 8일 동안 총 101.5유로(14만 원)를 사용했습니다. 스페인 물가가 상당히 저렴하기 때문이기도 하고 우선 제가 경비 절감을 할 수 있었던 큰 이유는 일정 모두를 카우치 서핑을 이용했기 때문에 숙박비, 식비가 거의 들지 않았어요. 그리고 정말 좋은 호스트들을 만나 잊지 못할 추억까지 덤으로 얻었지요. 저 역시 그들을 그려서 선물로 주며 돌아온 지금까지 연락을 주고받으며 친하게 지낸답니다.
카우치 서핑을 이용하지 않는다면 한인 민박(30유로)보다 저렴한 호스텔(7~20유로)을 추천합니다. 여러 사이트를 비교한 후 저렴한 곳으로 선택하세요.

또 경비를 절감할 수 있었던 이유는 입장료인데요, 스페인에는 매월 첫째 일요일에는 거의 모든 관광지(다른 일요일 3시 이후에는 피카소 미술관, 구엘 저택 등)가 무료로 개방하니 꼭 검색해 보고 가는 걸 추천해드려요. 플라맹코 같은 경우 라람블라 거리에 가면 10유로짜리 공연도 있어요. 건축물 입장료에는 돈을 아끼지 않았어요. 할인이 가능한 국제 학생증은 필수입니다. 돈 내고 보는 것보다 길거리 공연들이 훨씬 인상 깊었어요.

그리고 식비. 여행자 거리의 음식점들은 10유로가 훌쩍 넘어 저에게는 다소 부담이 되었어요. 대신 주말이나, 저녁이 아닌 평일 점심을 현지인들이 가는 식당에서 이용한다면 풀코스 요리를 10유로 이내로 먹을 수 있고 커피도 1유로, 맥주도 1유로 정도로 저렴하게 즐길 수 있어요. 무작정 아끼는 것보다는 그 나라의 좋은 음식들도 한 번씩 먹어보는 게 좋겠지요? 또, 호스텔을 이용하면 주방 이용이 가능한데 유럽의 마트 물가는 한국보다 싸기 때문에 마트 이용을 권합니다. 카우치 서핑을 이용한다면 호스트들이 밥을 해주는 경우가 많은데 우리도 마트에서 살 수 있는 식품들을 준비해 호스트에게 대접해 보아요.

또한 빠질 수 없는 것이 바로 쇼핑. 오자마자 남루한 차림이 부끄러워 큰 쇼핑몰에 갔는데 쇼핑의 천국이라는 명성에 걸맞게 4벌을 샀는데 11유로밖에 안 나왔어요! 10분의 1가격으로 세일하는 것만 샀더니….
세일 기간을 노린다면 쇼핑을 강력 추천합니다! 다음 호스트를 위한 작은 기념품까지 샀는데 모두 총경비 안에 포함된 거예요.

교통비는 스페인 지하철 10회 이용권 T-10(10.30유로)를 두 번 구매해 열심히 타고 다녔는데도 세 번이나 남았어요. 도시 간 이동은 보통 기차를 이용하는데 기차 여행에 로망이 있는 것이 아니라면 카풀(www.blablacar.com)을 이용하면 3분의 1 가격에 이동할 수 있어요. 작은 도시 간 이동은 10유로 이하로도 이용 가능하답니다.

○ 그로부터 6년 후, 28살의 내가 그리는 유럽

그렇게 지독하게 외롭고 가난했던 유럽을 나는 수없이 다시 방문했다.
출장으로, 여행으로, 혼자서 또는 둘이서.
사실 다시 만난 유럽은 내 기억보다 훨씬 더 아름다운 곳이었다.
외롭지도 않은 곳이었다. 곰곰이 돌이켜 생각해보니, 내가 나 스스로를 외롭게 만들었던 것 같다.
그래서 유독 유럽의 이야기가 적다. 다시 써 내리려 하니 수많은 기억의 파편들이 내게 다가오지만, 한참이나 지난 기억과 감정들이 혹시라도 왜곡되어 외롭고 쓸쓸했던 그곳의 모습이 다르게 담길까 봐 다시 손을 멈춘다.

나는 주로 배낭에 누텔라 하나를 챙겨서, 1유로어치 24개 모닝빵을 먹으며 하루하루를 버텨가는 여행을 했었다. 물론 1유로짜리 과일이나 1유로짜리(정말 빵에 고기밖에 없는) 햄버거도 먹으며 버티기도 했지만, 다시 그곳으로 떠나보니 참 맛있는 음식도 많은 나라였다.

여행을 계속할 수 있게 되어 다행이라는 생각이 들었다.
혹시 내 여행이 이 여행으로 멈췄다면 어쩌면 유럽은 여전히 나에게 그렇게 좋지 못한 기억으로 남았을 테니 말이다.

아, 이탈리아의 부자 친구들은 내가 다시 이탈리아로 갔을 때도 여전했고 날 반겨주었다. 벌써 결혼도 했다. 종종 연락을 하는데 여전히 장난기가 많아 피곤할 때도 있다.

파리의 화가가 다시 그림을 그리는지는 모른다. 그의 얼굴은 잊었지만 다시 그 다리를 찾아 그림을 찾으면 나는 바로 그를 알아낼 수 있을 것 같다.
스페인에서 만난 호스트들과는 여전히 연락을 하고 있는데, 그들은 내가 계속 여행을 다녀서 놀랐다고 했다. 왜냐하면 그때는 내가 나는 돈이 없어서 앞으로 여행을 하지 못할 거야, 라고 말했었기 때문이라고 한다.

DEPARTURE

•

INDIA

•

MOROCCO

•

EUROPE

EGYPT

RETURN

○ 유럽에서 이집트로

여행 중에 세계 일주를 하는 친구들을 만나면 서로 묻곤 한다. "너는 어느 나라가 제일 좋았어?" 그들의 입에서 주로 나오는 나라들은 비슷비슷했다. 인도, 볼리비아, 미얀마 그리고 이집트. 저렴한 물가에 수많은 볼거리가 있다고, 그들은 조금 많이 덥긴 하지만 내가 인도를 사랑한다면 분명 이집트도 좋아할 것이라고 추천했다. 심지어는 물가도 인도만큼 착하다고 했다. 인도랑 비슷한 느낌이라니, 두말할 필요 없이 가야겠다고 생각하고 나는 여행 중 급작스럽게 이집트로 향하는 표를 샀다. 이탈리아에서 이집트로 가는 칠만 칠천 원짜리 티켓을 볼 때마다 새로운 호기심에 가슴이 뛰었지만, 여행을 준비하는 과정에서 알아보면 알아볼수록 두려움이 커졌다. 어디에나 있는 사기꾼과 호객꾼들, 엄청난 더위, 이집트 내부 상황 때문에 더욱 줄어든 관광객.

이탈리아에 있을 때, 때마침 스페인을 여행 중이던 영훈이(모로코에서 만났던 친구다)에게 메시지가 왔다.

"누나, 스페인 지겨워요. 재미가 없어요. 영국 가서 돈이나 벌어야 할까 봐요. 누나는 어디 가요?"

"나, 이집트! 이탈리아에서 이집트 가는 표가 칠만 원밖에 안 해."
"와, 정말요? 나도 가고 싶다. 이집트 진짜 가고 싶은데."
열아홉 살 때부터 세상이라는 학교에서 누구보다 값진 경험을 하고 있는 영훈이와 함께라면 이집트에서 조금은 든든하지 않을까 하는 생각이 들었다. 처음 만났을 때 느꼈던 영훈이의 맑은 빛깔을 다시 보고 싶기도 했다. 영훈이는 저렴한 표를 알려주자마자 스페인에서 이탈리아로 향하는 표와 이탈리아에서 이집트로 향하는 표를 바로 구매했다. 우리는 밀라노 공항에서 만나 같은 비행기를 타기로 했다. 영훈이는 휴대전화를 잃어버린 상태라 공항 어딘가에서 만나겠거니 생각하고 밀라노 공항으로 향했다.

톡톡.
누군가 등을 찔렀다. 돌아보니 한 달하고 조금 더 전에 본 영훈이가 언제나처럼 밝은 미소를 하고 나를 바라보고 있었다. 얼굴이 더 새카매져서 하얗고 고른 치아가 반짝반짝 빛났다. 그간의 여행 이야기들을 했다. 그는 조금은 지루했던 유럽에 대해 토로했다. 모로코와, 영훈이와 내가 각각 추억을 가지고 있으며 우리가 가장 사랑하는 인도를 그리워하다 보니 금세 이집트 샴엘 셰이크Sham El Seikh 공항에 도착했다. 샴엘 셰이크에서 우리가 가야 할 곳은 배낭여행자의 블랙홀이라는 다합Dahab이었다. 공항에서 다합으로 가려면 우선 샴엘 셰이크 버스 터미널로 나가 다합행 버스를 타야 했지만 알아본 정보에 의하면 밤에는 운행하지 않았다. 우리가 공항 밖으로 나간 시간은 이미 밤 아홉 시가 다 되어가고 있었다. 택시를 타거나 히치하이킹을 하는 수밖에 없었다. 비싼 택시 값 때문에 택시를 탈 생각은 추호도 없었지만 공항에서 내리자마자 우리에게 택시 기사들이 벌 떼처럼 몰려들었다.

"헤이, 어디 가? 다합?"

"네. 다합이요. 아저씨 혹시 버스 터미널이 몇 시까지 운영하는지 아세요?"

"오, 안타깝게도 며칠 전에 테러가 나서 버스 정류장이 폭파되고 없어!"

사기를 치려면 표정 관리부터 열심히 해야 할 것 같은 귀여운 거짓말이 눈에 보였다.

"여기 완전 인도네? 사기를 치려면 제대로 치든가!"

우린 동시에 소리쳤고 한참 시간을 보내고서야 러시아 사람들 차를 얻어 타고 다합으로 갈 수 있었다.

○ 5년간의 세계 일주를 꿈꾸는 열아홉 살

모로코에 있을 때 인도 푸리에서 만났던 일본인 친구 토시에게서 연락이 왔다.

'푸리에서 만난 한국 남자애가 며칠 후에 모로코 간다는데 소개해 줄게. 네 글 읽고 친구 하고 싶대!'

새파란, 내가 참 좋아했던 모로코의 스머프 마을 쉐프샤우엔에서, 책가방보다 작은 백팩을 멘 긴 머리의 열아홉 살 소년(혹은 청년), 영훈이를 만났다. 고등학교를 졸업하자마자 영훈이는 3개월만 호주에 다녀온다고 말하고는 작은 백팩 하나만 메고 세계로 나왔다. 그렇게 지금까지 500일이 흘렀다. 때로는 접시를 닦으며 돈을 벌고, 때로는 한 달에 고작 십만 원으로 세계를 이리저리 누비고 다니며, 조금 심심하다 싶으면 몇 달은 다른 나라에서 온 여행자들에게 그들의 언어를 배운다. 인도에 있는 일본인 게스트하우스에서 3개월간 배웠다는 일본어는 정말 수준급이다.

너는 얼마나 여행을 할 거냐는 내 질문에 거짓 없는 싱그러운 눈빛으로 미소 지으며 "여권 5년은 다 채워야지요. 5년. 아, 너무 짧다"라고 천진난만한 얼굴로 당찬 대답을 한다. 힘들지 않냐고 물으면 세상에서 제일 행복하다고 한다. 혼자이길 좋아하던 나도 그의 여행의 반 토막도 안 되는 나의 짧은 여행이 너무나 고독하고 쓸쓸해서 돌아가고 싶어 한 적이 수두룩한데 하물며 아직 여자 친구 한 번 사귀어보지 않은 이 순수한 아이는 얼마나 외롭고 힘들고 지치고 쓸쓸했을까. 일 년 반이란 시간 동안 지속적으로 정을 나눌 사

람이 없다는 것. 그것이 무거운 그늘이 되어 얼마나 그의 야윈 어깨를 짓누를까. 힘든 내색 한 번 안 하고 누나 정도는 지켜야 한다는 영훈이 덕분에 그와 다시 만난 이집트에서는 마음 한편이 든든했다. 뽀얀 피부에 생글거리는 미소 때문에 아기 같던 그의 얼굴은 거침없는 태양 속을 일 년 반이나 휘저은 탓에 옛날 모습은 싸악 지워져 새까만 빛이다. 작은 눈에 가린 맑은 눈빛으로 가끔은 이집트인들을 노려보고 또 가끔은 사람들을 향해 눈이 사라지게 웃는다. 그 작은 눈으로 항상 아름다운 풍경에서든, 위대한 건축물에서든, 심지어는 흐트러진 길을 보고, 또는 지나가는 여행자를 보며 무엇이든 배우려 든다.

한국에서 술 한 번 입에 대보지 않은 네가 알코올을 조금 마시고 취해서 흐느낄 때는 참 가슴이 아프더라. 스무 살의 즐거움을 누리길 포기한 채 떠나온 세상은 참 막막하고 어려웠을 텐데, 바라던 것이 참 막연한 것이란 걸 깨달았을 때도 혼자였겠지. 그것도 모른 채 찡찡거리는 모자란 누나에게 혹여 누가 될까, 그 짭짤한 아픔을 감추었겠지. 영훈이 너를 보면 초록색 싱그러운 나무가 생각난다. 비가 와도 태양이 내리쬐도, 어쩌면 강한 바람에 잎사귀가 다 떨어져버릴지라도 가끔 다른 이의 그늘이 되기도 하고 싱그러운 희망이 되기도 하며 영훈이는 묵묵히 여행을 해나가겠지. 청춘 속에서 고민하고 방황하고 커가는 너를 보며 참 신기하기도, 한편으론 존경스럽기도 해. 앞으로 삼 년 반이라는 긴 시간이 남은 여행 동안 지금처럼 아름다운 마음을 지키길.

너와 함께 했던 이집트는 참 뜨거웠으며 참 잔잔했다. 네가 아니었다면 나는 이집트란 나라를 정말로 싫어하게 되었을지도 몰라. 다시 만나는 그날에도 지금처럼 새하얗게 빛나는 가지런한 치아를 활짝 드러낸 채로 나에게 미소를 지어줘. 언젠가 길 위에서 또 마주치길 고대하며.

○ 다합이라는 곳

여행자의 블랙홀, 한번 빠지면 헤어 나올 수 없다는 다합이 정말 궁금했다. 차를 얻어 타고 겨우 도착한 다합은 발길이 닿은 순간부터 좋아지는 곳이다. 살살 불어오는 바닷바람 그리고 바닷가 바로 위에 있는 이국적인 노천 레스토랑들, 내가 참 좋아하는 방콕의 카오산 로드가 생각나는 곳이었다. 영훈이와 내가 머물 숙소는 세븐헤븐Seven Heaven이라는 다합에서 가장 저렴하기로 유명한 곳이었다. 단돈 15파운드면 머물 수 있다. 늦은 밤 도착해서 도미토리 게스트하우스에 대충 짐을 풀고 바로 잠에 빠져들었다. 아침 늦게 일어나 보니 영훈이는 나가고 없는 듯했다. 문밖에서 영훈이의 말소리가 들렸다. 대충 씻고 밖에 나갔는데 숙소의 거의 모든 여행객들이 나와서 수다를 떨고 있었다. 놀랍게도 거기 있던 사람들 대부분은 인도 여행 중 스쳐 지나가면서 본 여행자들이거나 한 번이라도 말을 섞어 봤던 여행자들이었다. 깜짝 놀라는 나를 보고는 다른 여행자들이 입을 모아 말했다.

"다합은 원래 그런 곳이지. 여행자라면 누구나 들리는 곳이고 헤어 나오지 못하는 곳. 그리고 세계여행을 하는 사람들 루트가 다 거기서 거기니까."

인도 맥로드 간지에서 본 사토시, 사토시와 함께 여행하는 영미 언니, 코타로, 다이치 그리고 인도 바라나시에서 종종 밥을 먹었던 한국어를 엄청나게 잘하는 일본인 아저씨 테츠오 상도 있었다. 나는 정말 반가워서 테츠오 상을 반겼지만 놀랍게도 테츠오 상은 나를 한참 동안이나 알아보지 못했다. 여행을 하면서 10킬로그램 가까이 살이 찐 게 문제였다(더 큰 문제는 나는 살이 그 정도까지 찐 줄 몰랐다).

"아, 시내 상. 인도에서 매우 날씬했는데, 지금 뚱뚱해."

뭐, 살이 좀 쪄서 못 알아보면 어떠한가. 그들과 함께한 다합은 정말이지 황홀할 정도였다.

늦은 아침에 일어나 밥을 먹고 스노클링 도구를 챙겨서 새파란 홍해로 나선다. 오리발을 끼고 물속으로 빠져든다. 친구들과 누가

더 깊이 잠수하나 내기하기도 하고 그냥 혼자 둥둥 떠다니며 홍해 속 니모를 찾고 있으면 한 시간이고 두 시간이고 금방 지나간다. 지치면 숙소로 와서 해수가 나오는 샤워기로 몸을 씻고 밥을 먹으면 금세 해가 진다. 해가 지면 우리는 월드컵을 보러 텔레비전이 있는 곳을 찾아 나선다. 어느 나라가 이기든 간에 무조건 밤에는 술을 마시는 것이다. 그렇게 술을 마시고 뻗으면 어느새 또 날은 밝아 있다. 뻗지 않으면 홍해의 일출을 만끽하는 거다. 심심할 틈이 없었다. 사랑스러운 장기 여행자 친구들은 여행 중 길어진 서로의 머리를 바리캉으로 밀어주며 우정을 쌓아간다. 내가 만난 다합의 시작은 그랬다.

다합에서의 시간은 무한한 빠름을 싣고 자유롭게 흘러간다. 지독히도 느린 와이파이와 지독히도 느린 이집트인들, 새파란 홍해를 앞에 두고 나는 굳이 무언가를 할 필요를 느끼지 않는다.

지독히도 게으른 나. 하지만 이 게으른 시간들이 너무나 사랑스럽다. 더 이상 사소한 것들이 사소하지 않다. 내 안에서 발견한 사소함들이 나를 감싼다. 사랑스러운 나라 이집트에서는 짧은 생각의 고리들이 나를 옭아맨다. 기분이 좋다.

○ 다합 그리고 책

다합에서는 책을 읽을 수 있다. 그것도 아주 실컷. 다른 곳과는 조금 다르다. 누군가가 남기고 간 책이라든가, 다른 여행자의 가방 속에 있는 몇 번이고 읽어 닳고 닳은 책이라든가, 내 아이패드에 담겨 있어 책 넘기는 맛은 별로 없는 전자책일지라도 2달러짜리 도미토리 방구석 한편의 침대에서나, 뙤약볕이 내리쬐는 낡은 대나무 의자에서나, 넘실거리는 바다 바로 앞에서나, 홍해와 마주하는 조금은 비싼 레스토랑의 예쁜 초록색 소파에서 읽는다. 여행 중 읽는 책은 이상하게 더 특별하다. 다른 세상을 여행 중인 나에게 책은 나를 또 다른 여행자로 만든다. 여행 중에 여행을 한다. 인도에서는 김수영을 만났고, 모로코에서는 만화책에 한참 빠져 지냈다. 그리고 다합에서는 나쓰메 소세키なつめそうせき를 다시 만났다. 먼지 뒤덮인 슬리퍼 기차 칸에서의 김수영은 더 절절했고, 내 방만한 폭신한 침대에서 읽은 만화들은 더 달콤했다. 홍해의 짠 내음과 어우러진 나쓰메 소세키는 뭉클했다. 여행 중의 독서는 그 나라의 묘한 향기와 활자가 어우러져 더 짙은 음미를 하게 만든다. つきがきれいですね(츠키가 키레이데스네). 방금 글을 쓰는데 옆에 있던 일본 친구가 넌지시 알려준다. 나쓰메 소세키는 '츠키가 키레이데스네(달이 참 아름

답네요)'를 '나는 당신을 사랑합니다'라는 뜻이라고 자신의 어린 학생에게 알려줬다고 한다. 그는 역시 참 난해하다.

○ 전범기 사건

여행을 하면서 가장 많이 바뀐 것 중 하나가 일본인들에 대한 생각이다. 사실 일본인에 대한 나쁜 선입견과 편견들이 머릿속에 어느 정도 잡혀 있었는데 여행 중 만난 일본 친구들은 어쩜 하나같이 친절하며 속도 깊고 서로를 반기는지… 게다가 역사관도 바로 잡혀 있었다.

그러다 발견한 전범기가 그려진 광고지. 그것도 내가 이토록 좋아하는 다합에서, 심지어 내가 묵은 숙소에서 붙인 것이다. 지구 반대편에서도 내 피는 뜨겁게 끓기 시작했다. 여행을 하면서 성격이 다혈질이 된 것이 분명하다. 이건 반드시 따져야 한다. 도대체 어떻게 역사교육을 받았으면 이렇게 무식이 텅텅 터지는 짓을 할 수 있다는 말인가. 정말 화가 났지만, 조금만 차분하자 시내야. 그 자리에서 나는 광고지를 뜯고는 가게 사장님을 향해 소심하게 눈을 흘기며 전쟁, 제국주의를 정당화하는 거냐고 따졌다. 어려운 단어를 찾아서 쓰려니 말이 횡설수설 나왔다. 더 격분한 감정을 표현할 단어를 쓸 수 없는 내 모자란 영어 실력이 후회스러웠다. 한국인의 한을 전달해 줄 수 없는 내가 미웠다. 그래도 헤실헤실 웃고 다니던 내가 가시 돋친 말로 말

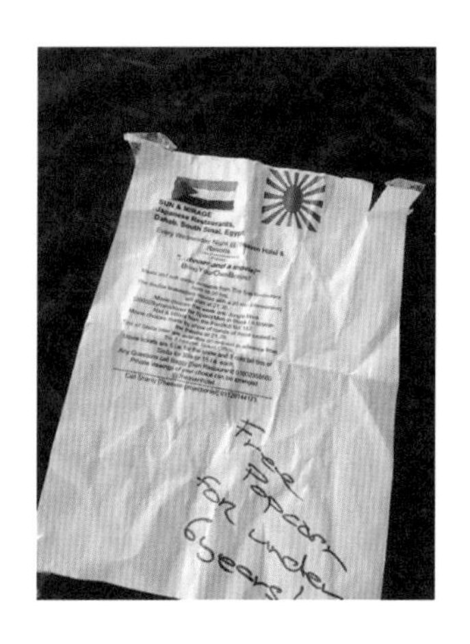

하니 사장님은 꽤나 미안한 눈치였다. 범인을 추적해보니 미국인이란다. 그래서 잘 모른단다.

곧장 숙소로 돌아가 눈앞에 구겨진 광고지를 디밀었다. 어쩜 눈치도 빠른지 정치적 문제냐며 되묻더라. 사과는 받지 못했지만 사용하지 않을 거라는 확답을 받은 후 화를 조금은 가라앉힐 수가 있었다.

평화주의자가 되긴 글렀나 보다. 매일매일 화가 나는 일들이 그득한데 어찌 평화주의자가 되리오. 며칠 전에 월드컵을 보러 가는 길에서는 이집트 애가 한국인이냐고 묻더니 이집트는 본선도 못 올라왔으면서 한국은 아프리카한테 질 거라고 괜히 길가는 나와 친구들에게 시비를 건 적이 있었다. 그리고 오늘은 더 한 일이 일어난 것이다.

이집트, 참 좋아하기 힘든 곳 같다. 오늘따라 이집트는 참 밉고 나의 다합도 참 밉다.

다합에서 만난, 나보다 조금 어린 너는 나의 옷을 뺏어 입고 나의 립스틱도 발라보고 내 시계도 차 보며 잠이 든 나를 항상 깨우곤 했지.

너는 입이 작아 내가 사주는 아이스크림을 항상 온몸에 묻히고 먹었어. 너를 목마 태워 줄 때 사실은 얼마나 행복했는지 몰라. 내가 다합을 떠나던 날 엉엉 울던 너를 보고 나는 너무 가슴이 아파 뒤 한번 돌아보지 않고 나왔어.

내 가슴속 남은 너는 십 년이 지나도 이십 년이 지나도 여전히 다섯 살 그 시절의 밝은 미소를 나에게 지어주겠지.

○ 가난, 그 참혹한 진실

찌는 더위에 거리를 걷고 있었다.

더운 날씨와 인도보다 짓궂은 상인들, 틈만 나면 만지려 드는 이집트인들의 손길을 피하느라 세상을 맑게 바라보던 나의 시선은 거둔 지 오래였다.

누군가가 옆구리를 찔렀다. 쳐다보니 여자인지 남자인지 모를 꾀죄죄한 꼬마 아이가 가련한 눈빛으로 바라보고 있었다. 언제나처럼 돈을 달라는 것이겠지. 아이 주변에 파리가 피였다. 하지만 얼굴에 들러붙어도 꼬마는 신경 쓰지 않았다. 난 여행 중 단 한 번도 거지 혹은 꼬마에게 돈을 쥐어 준 적이 없다. 내 호의가 더 가난에 의지하게 만드는 나약한 마음을 심어준다고 생각했기에. 먹을 것이 있으면 주었을 텐데, 하고 그 작은 고사리 같은 손을 외면했다. 그런데 이 꼬마 꽤나 끈질기다. 손짓으로 눈빛으로 나에게 자꾸 무언가 갈구했다. 자세히 들여다보니 홍해처럼 투명한 눈빛을 지니고 있었다. 가여워서 원하는 그것 대신 꽉 안아주고 머리를 쓰다듬어 주었다. 볼을 어루만졌다. 아이의 거칠고 여윈 볼에 손이 떨렸다. 아이는 잠시 잠자코 가만히 있었다. 아이의 작은 그림자가 무척 야위었다. 햇빛에 바스러지는 긴 머리칼은 아이의 얼굴에 더 짙은 그림자를 드리웠다.

아이를 두고 이동하려는 순간, 아이는 엽서를 한 장 내밀었다. 손짓으로 나는 살 수 없다고 크게 휘저었지만, 아이는 씩 웃으며 돈은 필요 없다는 손짓을 하며 그저 엽서를 주고는 활짝 웃으며 뒤돌아섰다. 자기보다 많은 것을 가졌으며 잘 먹고 잘 자고, 심지어 외면하려 드는 못난 여행자에게 왜 자신이 가진 조그마한 것이라도 주려고 할까. 샌들 속 열 개의 발가락들이 부끄러움에 움츠러들었다. 아이의 따뜻한 마음이 내 철없음을 가득 안아주는 듯했다. 세상에서 가장 값진 엽서를 받은 나는 그저 아이가 마음만큼 아름다운 세상을 볼 수 있길 바라며 뒤돌았다. 아이는 먼지와 파리에 엉킨 채 웃음을 지으며 나를 향해 손을 흔들었다.

한없이 작아지곤 한다.

눈을 씻어 봐도 진짜 존재한다.

겁쟁이 나는 어느새 사하라를 건너고

홍해 바다에 입수하고

스핑크스와 입을 맞추고 있었다.

○ 나의 여행은 너 때문에 컬러풀했어

여행 중 여행자를 만난다는 것

만나고 헤어지는 것

헤어짐이 예정되어 있는 것

고작 며칠, 아니면 하루,

정이 들 만하면 곧 그들은 다시 각자의 길을 나선다.

다시 혼자가 된 나는

더 짙은 외로움에 시달리곤 했다.

내 이집트는 너희들이었다.

외로움에 지쳐 있던 나에게 한 달간의 긴 여행을 함께 한다는 것은

무엇보다 가슴 벅찬 일이었으며

누구보다 든든했다.

너희와 함께라면 그 무섭던 밤거리도 무섭지 않았다.

눈을 떠도, 감아도, 너희가 있기에 안심되곤 했다.

월드컵, 서로 각자의 나라를 응원했던 일.

매일 저녁이면 식비를 아끼려 나라별로 요리 배틀을 하던 것도

넘실거리는 바다만 봐도 웃기고

스핑크스와 입맞춤하는 사진을 대신 찍어주기도 하며

누군가 떠나면 함께 배웅을 하기도

누군가 아프면 걱정해 주기도 하며

어떻게 혼자 여행을 할까 걱정될 만큼 여리고 사랑스러운 시호도

예쁘고 야무진 나쯔미도

항상 든든한 조언을 해주었던 씩씩한 영미 언니도

어디서 배웠는지 모를 한국 욕을 쓰던 개구진 사토시도

한국어를 나보다 잘하는 것 같은 테츠오 아저씨도

모기를 닮았던 코타로도

한국을 다섯 번이 넘게 왔다는 다이치도

장난기 가득, 항상 나를 놀리던 중국 친구들도

내 눈에는 언제까지나 열아홉 살일 영훈이도

모두 혼자 왔지만 우린 결국 함께였어.

나를 제외하고는 모두

긴긴 세계 일주를 하는 친구들이기에

너희는 더 많은 사람을 만나고 헤어지며

그렇게 언젠가 나에 대한 기억은 점점 희미해지겠지.

그래도 나는 함께 했던 한 달을 영원히 내 가슴속에 담아둘게.

정말 고마워,

내 이집트는 너희 덕에 컬러풀했어.

○ 4파운드짜리 오렌지 주스

카이로에서 룩소르로 떠날 버스표를 사러 터미널로 친구들과 우르르 몰려갔다.

이집트에 동양인은 우리밖에 없나 싶을 정도로 잘 보이지 않았는데 누가 봐도 한국인이라고 쓰여 있는 남자와 여자가 우리에게 다가왔다.

"한국인이죠? 누가 봐도 한국인 같아요!"

"저희 다합에서 만나서 2주 동안 놀다가 마음이 잘 맞아서 같이 다니는 거예요! 얘만 한국인이고 얘네는 일본인들이에요."

"우와, 우리도 다합으로 갈 건데 정보 좀 주세요."

우르르 몰려다니기에 우리 일행이 한국인인 줄 알았다던 무궁 오빠와 효민 언니 부부를 그렇게 카이로 버스 터미널에서 만났다.

그들 부부는 신혼여행 중이라고 했다. 인도에서 신혼여행으로 세계일주를 하는 부부를 보고 이야기를 건너 듣긴 했지만 이렇게 실제로 대화를 나누어보긴 처음이었다. 부부는 여행을 시작한 지 석 달쯤 되었고 인도와 파키스탄을 거쳐 넘어왔는데, 내가 간절히 가고 싶었던 파키스탄의 훈자Hunza 마을에서 한참을 머물다가 이집트로 넘어온 지 얼마 안 되었다고 했다. 원래는 워킹 홀리데이를 하려다가 마음을 바

꿔 하던 카페를 정리하고 비교적 적은 돈으로 이렇게 세상으로 나왔단다. 언니는 세계 일주를 오래전부터 갈망했다고 했고 무궁 오빠는 여행에 대해 별로 관심이 없었었다고 했다.

그렇게 버스표를 사고 한참 수다를 떨었다. 어디가 좋다느니, 어느 가게가 맛있다느니 하는 소소한 이야기들. 언니와 오빠는 나와 영훈이에게 고맙다며 이집트 어디서나 볼 수 있는 직접 간 오렌지 주스를 사 주겠다고 했다.

뻔히 가난한 여행자 처지인 것을 알기에 몇 번이고 거절했으나 언니네 부부는 2파운드짜리도 아니고 4파운드짜리 오렌지 주스를 우리에게 쥐어 주었다. 그렇게 미안함과 고마움만 남긴 채 우리는 헤어졌다. 그게 그들과의 마지막일 줄 알았다.

그런데 룩소르 숙소에서 더위에 지쳐 밖에 나가지도 않고 뒹굴거리며 귀국을 준비하다가 마지막 이집트를 어디서 보낼까 고민하던 중, 방문을 열고 나가보니 놀랍게도 그들 부부가 있었다(사실 여행자끼리 두세 번씩 만나는 건 부지기수라 이젠 놀랄 일도 아니지만).

"꺄, 시내 씨, 우리 완전 행복했어! 아스완부터 룩소르까지 하루에 20불이에요, 아니 그러니까 크루즈가. 나일강 크루즈, 타이타닉 같은 그런 수영장도 있는 크루즈가요. 그것도 5성급!"

언니는 한층 더 밝고 까매진 모습으로 나에게 미소를 보냈다. 탄 것 같다고 언니를 놀렸지만 언니는 그저 살구 말린 것을 건네주며 편안한 미소를 보냈을 뿐이다. 부부가 크루즈 위에서 나일강의 햇살을 받고 밝게 웃으며 찍은 동영상을 보자마자, '아, 꼭 이곳에 가봐야 하겠어' 하는 생각이 들었다.

나일강 크루즈를 타기로 결심하고 하루 종일 돌아다녔지만 30불까지밖에 흥정을 못한 우리를 보고, 언니네 부부가 직접 크루즈가 있는 곳까지 같이 가주겠다고 했다.

다음 날 오후, 우리는 금방 끝날 줄 알았던 긴 여정을 떠났다. 사기의 천국 이집트답게 마차에서 한 번 속고, 택시에서 또 한 번 속고, 그렇게 자꾸 이상한데 내려주는 이집트인들한테 지친 우리는 저녁 공기도 쌀쌀하니 괜찮겠다 싶어 걷기 시작했다. 나일강을 따라 한참을 걷고 또 걸어, 수풀을 지나고, 낯선 이를 처음 보는 듯이 순수한 눈빛을 보내는 아이들이 따라다니는 작은 마을도 지났다. 걷고 걸어도 크루즈는 보일 생각을 하지 않았다. 강바람을 맞으며 우리는 천천히 걸었다. 앞에는 영훈이와 무궁 오빠가 뒤에서는 나와 언니가 조곤조곤 서로의 인생과 여행에 대해 이야기하면서.

문득 영훈이가 무궁 오빠에게 질문을 던졌다.

“왜 여행을 좋아하지도 않는데, 이렇게 길게 1년간의 세계 일주를 신혼여행으로 택하게 된 거예요?”

나도 궁금했다. 여행에 관심이 없다면 분명 더 지치고, 힘들고, 어쩌면 지겨웠을 텐데, 굳이 이 드넓은 세상에 나왔을까. 살짝 무뚝뚝하다고 생각했던 오빠는 스스럼없이 말했다.

“효민 씨에 대해 더 잘 알고 싶어서. 여행을 하면서 둘만의 시간을 공유하며 효민 씨의 어린 시절, 학창 시절…. 전보다 더 많은 얘기를 하고, 효민 씨를 더 알아가고 있어.”

무언가 뒤통수를 맞은 느낌이었다. 저런 여행도 있구나. 멍하니 생각하느라 바람에 흩날려 볼을 할퀴는 머리칼도 잘 느껴지지 않았다.

세 시간이 훨씬 넘는 여정 끝에 우리는 크루즈에 도착했고 정박해 있던 크루즈는 내일 출발한다고 했다. 지배인은 효민 언니와 무궁 오빠를 반갑게 반겼고 언니는 여전히 싱그러운 미소를 보내며 지배인과 흥정을 시작했다. 덕분에 나는 마지막 남아 있던 100달러짜리를 꺼내 지불한 후 60달러를 거슬러 받을 수 있었다.

최근 문득 언니 부부가 생각나서 안부를 묻는 메시지를 보냈다. 한 시간도 안 돼서 답이 왔다.

"시내, 우리는 지금 브라질이야. 지도에 좁쌀만 하게 표시될까 말까 하는 작은 마을에 있어. 이름도 예뻐. '제리코아코아라.' 우리는 '제리좋아좋아라'라고 불러. 아프리카 간다며? 우리도 9월에 가니까 먼저 잘 다녀와."

언니와 오빠는 또 한참을 여행할 것이다. 언니와 오빠가 거니는 여행지들은 분명 언니의 밝은 미소와, 그런 언니를 바라보는 오빠의 흐뭇한 미소로 찬찬히 물들어가겠지. 브라질도, 아프리카도 무지개 빛깔을 뽐내면서 그렇게 물들어갈 거야.

○ 여행을 끝내자

일주일만 더 채우면 이집트 여행을 한 지도 딱 한 달이었다. 다합을 제외한 이집트는 즐겁지 않았다. 더웠고 사람들은 항상 사기를 치려 했고 음식은 맛이 없었다. 지쳐갔다. 곧 떠나야 함을 알았다. 지갑을 보니 마지막 100달러 한 장과 이집트 파운드가 조금 있었다. 통장 잔고를 확인하기 무서워서 미루다가 결국 통장 잔고도 봐버렸다. 집에 돌아갈 돈만큼이 통장에 있었다. 나는 바로 일주일 후에 출발하는 표를 샀다. 이집트에서 태국으로 향하는 표를 30만 원에 그리고 태국에서 한국으로 향하는 표를 16만 원에 샀다.

친구들에게 나는 일주일 후에 한국으로 돌아갈 것이라고 말했다. 여행자의 이별이 언제나 그렇듯 그들은 담담했다. 안녕, 잘 가. 아직 안 가. 일본 친구들은 남아프리카 공화국까지 육로로 내려가서 아프리카 종단을 완주할 거라고 했고 영훈이는 일본 친구들을 따라갈지 영국에 돈을 벌러 갈지 고민 중이었다. 중국 친구들은 모로코에 간다고 했다. 벌써부터 기분이 이상했다. 친구들은 아부심벨Abu Simbel을 보러 간다고 말했고 나는 마지막으로 『어린 왕자』에 나오는 사막 여우가 산다는 바하리야Bahariyaa 사막에 가고 싶었다. 영훈이는 가장 정든 내가 떠나는 게 속상하다며 어디든 이집트에서 함께하겠다고 했다.

나는 지쳐 있었고 휴식이 필요했다.

바하리야는 잊고 신혼여행 부부가 소개해 준 크루즈를 타기로 했다. 그렇게 나는 마지막 이집트를 영훈이와 나일강 위에 떠서 보냈다. 그저 흘러가는 나일강을 보며 갑판 위로 나와 반짝이는 별들을 보고 맛있는 음식을 먹으며, 밤에는 함께 영화를 보면서 나일강을 타고 이집트의 가장 끝으로 왔다. 먼저 와 있던 일본 친구들과 또 마주쳤다. 이제 더 이상 마주치지 않을 것을 알기에 우리는 진짜 안녕을 했다. 영훈이와도 이별을 했다. 영훈이는 친구들과 같이 아프리카를 더 여행한다고 했다. 내가 생각해도 이상할 정도로 너무도 담담했다. 가슴은 뛰지도 혹은 멎지도 않았다.

태국으로 가는 비행기를 타려면 카이로로 다시 가야 했다. 기찻값을 아끼려 겨우 지나가는 이집트인에게 부탁해서 표를 사서는 긴긴 시간 동안 이집트인들 틈에 껴서 기차를 탔다. 뚫어지게 쳐다보는 시선도 이제는 익숙했다. 정말로 여행을 끝낼 때가 되었나 보다.

카이로에 도착하자마자 나는 비행기를 탔다. 이틀 동안 씻지도 못한 채로 태국에 도착하겠지. 그리고 태국에서 조금 쉬다가 한국으로 가야지. 함께한 시간과 추억이 머리를 맴돌았다. 함께 보았던 월드컵도 즐거웠고 함께 보낸 라마단 기간(이슬람 종교 의식으로 1년에 한 달간 해가 뜰 때부터 해가 질 때까지 아무것도 먹지 않는다. 하필 내 이집트 여행 시기와 맞물려서 3주 가까이 열지 않는 식당 앞에서 부르짖으며 함께 배를 곯았다)은 참 힘들었지. 이제 다 안녕이구나.

이틀 동안 씻지 못하는 것도 이제 아무렇지도 않게 느껴지는 걸 보니 나도 어느새 여행이란 것에 익숙해졌구나. 이젠 딱 그만둘 때가 되었다고 나는 생각했다.

첫 여행 이후 1년 만에 본 태국 게스트하우스 사장님은 여전히 머리가 벗겨져 있었다. 나는 길면서도 짧았던 여행을 마무리하는 의미로 첫 여행지에서 휴식을 취하러 왔다고 했다. 언제나 반짝반짝 빛나는 카오산 로드를 거닐고 있으니 여행 중에 만난 인연과 또 마주했다.

"여행은 어땠어?"

"나의 여행은, 음… 나도 잘 모르겠어. 그냥 좋았어. 미치도록."

"나도. 살이 많이 쪘네, 진짜 좋았나 보다."

그렇게 나의 여행은 카오산 로드에서 끝났다. 홀가분한 것은 아니었지만 그렇다고 아쉽지도 않았다. 딱 됐다고 생각했다.

그래, 카오산 로드도 안녕, 이집트도 안녕, 모로코도 안녕, 이탈리아도 프랑스도 스페인도 안녕, 말레이시아도 안녕,

인도… 인도도 안녕.

○ 세계 천하 요리대회(2020)

내가 머물던 세븐 헤븐 게스트 하우스는 다합에서 가장 저렴한 곳이기에 여기저기서 가난한 여행자들이 몰려 있다. 모두가 장기 여행자, 세계 여행자들이기에 다들 식비를 아끼려고 음식을 사 먹기보다는 열 명 정도가 모여 나라별로 팀을 짠 후에 장을 봐서 음식을 하나씩 만들어 나누어 먹는다. 나는 그걸 '세계 천하 요리대회'라고 불렀는데, 안타깝게도 나는 음식을 만드는 데는 별로 재능이 없어서 매번 지고는 했다.

주로 이기는 팀은 일본팀이다. 가라아게를 만드는 날이면 어쩔 수 없이 패배를 인정할 수밖에 없다. 기름에 튀겨지는 고소한 치킨 냄새에 모두가 코를 킁킁거리며 달려들었으니까.

몇 년이 지나도 뇌리에 박혀 있는 기억이 있는데, 바로 세계 천하 요리대회에서 내가 우승을 하던 날이다. 이날은 정말 우승을 차지하고서 내 어깨가 한없이 올라갔던 날이었기 때문에 결코 잊을 수가 없다. 여행 중에 즐거웠던 순간이 언제냐고 사람들이 계속 물어보는데 나는 그때마다 바로 이날이라고 말한다.

내가 처음이자 마지막으로 우승했던 요리는 놀랍게도 '수박화채'였다.
당시 이집트는 기절할 정도로 더웠던 터라 나는 종종 한국에서 해 먹던 수박화채가 생각났다. 더구나 그곳은 수박이 굉장히 저렴해서, 커다란 수박과 우유, 사이다를 사서 바로 게스트하우스에서 요리를 했다. 방법 또한 간단하지 않은가. 수박을 파서 자르고, 우유와 사이다 그리고 설탕을 섞어서 얼음을 넣으면 끝이다. 내가 수박화채를 만들어서 사람들 앞에서 보여줬을 때 의아해하던 사람들이 화채 국물을 한 스푼 먹고서 짓던 표정이 아직도 떠오른다. 이집트 직원들까지 몰려와서 이 어메이징한 수프는 어떻게 만들었냐고 물어봤지만, 나는 이건 엄청 복잡한 거야, 라고 외치며 킬킬거리며 웃었던 기억이 난다.

혹시라도 긴 여행을 떠나게 된다면, 수박화채 조리법은 꼭 외워가자. 요리 대회를 한다면 언제 어디서든 우승할 수 있는 필살 비법이니 말이다.

○ 나의 친구 테페(2020)

글로 담지 못한 이야기 속에 그래도 하나 기억에 남는 사람을 끄집어내자면 그건 아마 테페일 것이다. 우리가 어느 도시에서 만났는지는 잘 기억이 안 나지만, 태국으로 이동하기 전날에 각자의 여행을 마치고 카이로에서 만나 한참을 같이 산책했던 기억이 난다.

이집트에서 나는 여행의 막바지 인지라 몰골이 흡사 거지와 비슷했는데, 테페는 그런 나와는 다르게 도시 사람 같은 냄새가 폴폴 났다. 더위에 치여 버린 다른 여행자들과 다르게 그의 차림새는 잔뜩 힘이 들어가 있었다. 룩소르Luxor였나, 어느 길거리에서 혼자 산책을 나갔던 나는 길에서 테페를 만났다. 외모답지 않게 수줍은 표정으로 나에게 말을 걸었는데, 길을 물어보는 모양새가 영락없는 초보 여행자였다. 그는 미국에서 유학 중인데, 방학을 틈타 이집트로 여행을 왔다. 모든 게 너무 어렵고 또 재밌다고 했다. 일본에서는 비보이 댄스를 한다며 몇 가지의 영상을 나에게 보여줬다. 일본에 오면 공연을 꼭 보러 오라는 말을 덧붙이면서.

그렇게 연락처를 교환하고, 얼마 지나지 않아 출국을 위해 카이로Cairo로 돌아갔을 때 테페 역시 카이로에 왔다는 소식을 듣고 우리는 약속을 잡았다. 내가 머물던 게스트하우스의 주소를 알려주었는데, 테페는 어느 아침 우리 숙소를 방문했다.
숙소의 친구들은 나를 놀려댔다.
"오, 시내, 밖에 핸썸 가이가 널 기다리는데, 어느 틈에 남자를 한 명 건진 거야?!"

"아, 진짜 절대로 그런 거 아니야!"
소리를 치고 친구들의 놀림에 왠지 쑥스러워진 채로 밖으로 나왔다.
테페는 아주 잠시 봤던 거면서도, 오래된 친구를 타지에서 만난 마냥 나를 반겼다. 그리고 오늘 우리가 여행할 곳들을 자신이 안내하겠다고 했다. 모스크와 공원, 야시장까지 가는 게 그의 계획이었다.

아무 생각 없이 그를 따라나섰다. 나보다 한참이나 큰 그를 올려다보았다. 테페는 다른 친구들과 다르게 내 짧은 다리에 걸맞은 느린 걸음으로 따라와 줬는데, 그게 참 고마웠다. 친구들의 놀림 때문인지 진짜로 데이트를 하는 기분이 들어 걸음걸이마저 어색해졌다.
천진난만한 테페와 있으니 세상의 모든 걱정이 날아가는 기분이 들었다. 이집트인들의 장난에도 나처럼 예민하게 반응하지 않고, 되려 더 장난을 치는 모습이 궁금해졌다.

테페는 내게 몇 가지의 일본어를 알려주고 나도 몇 가지의 한국어를 알려줬는데, 우리는 나중에 다시 만나게 되면 꼭 만나자마자 서로가 알려준 문장을 말하기로 했다. 테페가 알려주고 싶은 문장은 단순했다.
"키미 카와이네"
귀엽다는 표현을 그 당시의 유행어로 표현한 거라 그랬는데, 계속 그 말을 나에게 하니까 어린 나는 부끄러워서 어쩔 줄을 몰라 했다.
나도 같은 의미의 한국어를 테페에게 알려줬는데 테페는 자꾸만 발음이 틀렸지만 나는 굳이 고치려 들지 않았다. 내 이름 '시내'가 일본에서 '죽어!'라는 나쁜 뜻을 가진 것도 테페 덕에 알게 되었다.

하루를 함께하는 동안 우리는 많이 걸었고, 맛있는 걸 나누어 먹고, 공원에서는 테페 옆에 누워 낮잠을 쿨쿨 잤다. 야시장도 테페가 옆에 있어서 별로 무섭지 않았다. 하루였지만 한 달 같은 시간을 느끼며 대화를 나눴다.

그리고 몇 년 후인 2018년, 도쿄 출장이 있던 나는 일단 무작정 귀국 티켓을 미루고 테페에게 메시지를 보냈다.
"테페, 너의 공연 언제 보러 가면 될까? 나 지금 일본이야!"
아쉽게도 공연은 없었지만 테페는 바로 시간을 비웠고, 우리는 이집트가 아닌 롯폰기의 어느 멋진 바에서 만났다. 테페와 나는 각자의 친구들을 데려왔다.
"당신 진챠 퀴여워"
테페는 나를 보자마자 서툰 한국어를 읊는다. 4년 전의 약속을 잊지 않았던 것이다.
일본에서의 밤은 길었다. 서로의 근황을 읊었다, 사케를 잔뜩 마시고, 친구들을 보내고도 헤어지기 아쉬워서 우리는 어느 작은 클럽으로 향했다. 평일이어서 클럽은 지나치게 조용했다. 무대는 텅 비었고, 테페는 아무도 없는 무대로 나갔다.
"시내, 네가 일본에 오면 꼭 춤을 보여주겠다고 약속했잖아."
몇 안 되는 사람들은 모두 테페 앞으로 모여 탄성을 질렀다.
나를 위한 작은 공연이 끝나고, 테페는 내 손을 끌고 무대로 향했다. 서툰 춤 솜씨였지만 테페가 이끌어 주는 대로 춤을 췄다. 스물두 살의 내가 되어서 수줍은 소녀가 되었다가, 이집트의 어느 공원을 걷다가, 다시 어른이 되었다가, 테페를 처음 만난 낯선 거리를 걷다가, 다시 춤을 추었다.
그날, 새벽은 참 길었다.

○ 그로부터 6년 후, 28살의 내가 그리는 이집트

다합을 제외하고는 정말 모든 곳이 싫었다고 할 수 있을 만큼 지독한 이집트인들을 많이 만났다.
하지만 다합이라는 곳은 너무나도 특별해, 아직도 숨이 벅찰 듯이 바쁘고 힘든 나날들을 보내고 있노라면 세상에서 가장 여유롭던 시절인 다합에서의 내가 떠오른다. 괜히 배낭여행자의 3대 블랙홀이 아니다.
다음번에 다합을 가게 된다면 돈이 없어서 못한 스킨스쿠버 자격증을 꼭 딸 것이고, 샤워기에서 해수가 흐르던 세븐 헤븐 게스트하우스 대신 커다란 집을 빌려 친구들을 잔뜩 초대해 같이 게을러질 것이다(물론 그런 집을 빌려도 한 달에 30만 원도 안 한다더라).

초록 빛깔의 영훈이는, 어엿한 어른이 되어 일본과 파리 등지에서 살아서 여행을 가면 종종 보고는 했다. 파리에선 얹혀살다시피 했던 그는 얼마 전에는 군 전역을 했다던 소식까지 들었다. 영훈이랑 너무 잘 어울리는 해군이라고 했다. 5년 동안 일본과 파리에서 일하며 여행하던 영훈이는 일본어와 프랑스어, 영어에도 능통한 인재로 변했으니, 이제 여자친구만 만들면 될 것 같다.

함께했던 일본인 친구들은 계속 여행을 같이해서 남미쯤에선 커플도 생기고, 한 친구는 카지노에서 돈을 몽땅 잃어 세계 일주를 포기하고 일본으로 돌아가기도 했다.

무궁 오빠와 효민 언니는 여행 중에 자신들이 아이스크림을 너무 좋아한다는 사실을 깨닫고 여행을 다니는 동안 꿈을 구체화시켜 거창에서 뿌에블로라는 수제 젤라또 가게를 차렸다. 귀여운 딸도 생겼다. 몇 번 주문 시켜 먹었는데 신혼여행을 세계 일주로 떠난 게 탁월한 선택이었을 만큼 맛있는 아이스크림이었다. 이탈리아에 감사할 지경이었다.

그리고 태국의 게스트하우스 사장님은, 매년 태국에 갈 때마다 만나고 있다. 번잡한 카오산로드를 벗어나 람부뜨리로드의 DDM 게스트 하우스 문을 열 때면, 나는 모든 여행이 끝나고 익숙한 이곳을 찾던 내 모습이 아직도 떠오른다. 누추했던 나의 몰골과 고생했다고 반겨주는 사장님의 모습, 적당한 온도의 실내, 로비에 풍기는 강아지 냄새.

아직 나에게는 모든 게 진한 그리움으로 남아있다.

DEPARTURE

•

INDIA

•

MOROCCO

•

EUROPE

•

EGYPT

RETURN

○ 돌아와서

낯설었다. 돌아온다는 말없이 집에 가려고 했다. 공항에서 지하철을 타고 갔는데, 밖을 나서니 비가 세차게 왔다. 비를 맞으며 걸었다. 배낭은 여전히 무거웠다. 집 앞에 왔지만 비밀번호가 생각나지 않았다. 한참을 기다리다가 지나가는 사람에게 휴대전화기를 빌려 겨우 엄마에게 비밀번호를 물어볼 수 있었다. 오랜만에 들어간 집은 여전했다. 여전히 깨끗하며 여전히 아늑했다. 이질감이 들었다. 엄마는 나를 딱히 살갑게 반겨주지도 외면하지도 않았다. 그저 평소와 같았다. 배낭을 풀고 평소처럼 소박한 밥을 먹었다. 정말 오래간만에 먹은 집밥은 이상하게 잘 넘어가지 않았다. 까만 피부와 불어난 몸이 낯설다며 엄마는 나를 놀렸지만 대꾸할 힘이 없었다. 밥을 먹고 낮잠이 들었다. 꿈속에서 나는 인도를 걷고 있었다. 눈을 뜨니 해는 져 있고 나는 우리 집 내 방 침대 위에 있었다. 어떤 것이 꿈인지 모르겠다는 생각이 들었다.

어쩐지 엄청나게 긴 꿈을 꾼 기분이 들었다.

어떤 것이 꿈이고 어떤 것이 실제인지 혼동될 만큼. 나는 며칠간을, 아니 거의 한 달간을 아무것도 할 수 없었다. 친구를 만나지도 텔레비전을 보지도 않았다. 그저 이불 속에서 멍하니 141일을 다시 그렸다. 길다면 길고 짧다면 짧을 수도 있는 141일 간의 방랑이 아직 끝나지 않은 기분이었다. 나는 여행이라는 길을 따라 걷고 있었고 길은 어느새 가는 실처럼 변해서 아슬아슬하게 줄타기를 하고 있었다. 아무것도 맛이 없고 아무것도 즐겁지 않았다. 밥을 먹지 않으니 10킬로그램 넘게 불었던 몸이 어느새 제자리로 돌아왔고, 나가지 않으니 까만 피부색도 하얗게 돌아오고 있었다. 그런데 내 마음 한 부분은 아직 인도나 모로코 저 어딘가에서 돌아오지 못한 채 세상을 헤맸다. 밖으로 나가면 내가 맡았던 그 냄새, 그 나라의 온도 그리고 사람들의 눈동자가 그리는 추억의 파편이 바스러질까 봐 무서웠다. 한 달을 내리 웅크리고 있었다.

가끔
눈을 감으면
그때 그곳의 공기
그곳에서 들리던 노랫소리
호기심 어린 아이들의 눈빛
입맞춤.

아, 아직도 여행 중인가 보다.
그때의 고단함, 더위
그리고 공허함마저 내 주변을 맴돈다.

혹시라도 눈을 뜨면 익숙한 집 냄새와 내 방 천장.
매일 보던 벽지, 푸근한 이불 속일까 봐 너무 겁이 나
눈을 꼭 감고 있고는 한다.

또 한 달이 지나자 거짓말처럼 나는 내 이야기들을 수많은 사람들에게 들려줄 수 있었다.

사람들은 나에게 물었다. 여행이 무엇을 주었냐고, 그리고 무엇이 바뀌었냐고.

사실은 잘 모르겠다. 나도 여행이 끝나고 나면 완벽하게 달라진 내가 있을 줄 알았다. 하지만 나는 나였다. 여전히 소녀였고 여전히 여렸다. 여행 가기 전 일기를 읽었다. 그리고 알았다. 나는 이제는 꽤 단단한 사람이 되었다는 것을. 그리고 이제 세상을 정면으로 마주할 수 있다는 것을. 그 어떤 벽이 있더라도 나는 부술 수 있을 거라고. 그리고 이제는 가짜의 내가 아닌 발가벗은 나 자신을 사랑한다. 나를 사랑하게 되니 세상을 사랑할 수 있게 되었다. 내 작은 두 다리는 세상에 홀로서기에 충분히 단단했으며, 나를 옭아매던 가난은 더 이상 내 행동을 좌우하는 배경이 아니라 그저 여러 가지 일 중 하나였다.

다시 돌아온 캠퍼스는 여전히 시끌벅적했고 수업은 여전히 지루했다. 똑같았다. 모든 것이. 마치 불과 얼마 전까지 내가 겪었던 일이 동화 속의 일들인 것처럼. 그렇게 일상 속에 있다가도 눈을 감으면 아직도 생생하게 그려진다. 황톳빛의 그곳이, 푸른빛의 그곳이.

그리고 그 속을 당당하게 유영하던 나의 모습이.

◆

350만 원과 141일.

누구는 무모하다고 손가락질을 하며 또 누군가는 용감하다며 찬사를 보낸다. 하지만 누가 뭐라 하든 사실 나는 상관없다. 나는 단지 내 여행을 했으며 나의 141일은 눈부시게 빛났다는 것이다. 다시 길이 넓어졌다. 나는 어느 쪽으로도 갈 수 있고 길은 끝이 보이지 않을 정도로 길게 뻗어 있다. 어떤 길로 갈지, 또 그 길의 끝에 뭐가 있을지 나는 모른다. 다만 내가 걷고 싶은 대로, 걷고 싶은 만큼 자유로이 거닐 뿐이다.

○ 자주 묻는 질문들

1. 영어 못해도 떠날 수 있나요?

저도 여행 전에는 영어를 잘하지 못했습니다. 해석은 가능하지만 한마디도 내뱉지 못하는 전형적인 한국인이었죠. 처음엔 휴대전화 사전과 손짓 발짓에 의지했어요. 한 달 정도 한국인을 거의 보지 못한 채 외국 친구와 부대끼며, 부끄러움을 잊은 채로 계속 영어를 쓰는 연습을 했어요. 영어권 친구들에게 혹시 내가 틀린 말을 하면 꼭 고쳐달라고 말하면서요. 장거리 기차나 버스 안에서는 영어 자막이 달린 영화를 계속해서 봤어요. 제가 봤던 영화는 <비포 선라이즈Before Sunrise>인데, 장거리 여행 덕분에 수십 번은 본 것 같아요. 거기서 나오는 문장들을 달달 외우며 실제 상황에서 응용하는 연습을 했어요. 물론 저에게는 그 영화처럼 엄청 달콤한 로맨스는 일어나지 않았지만요. 걱정 마세요. 계속 말을 하면 늘어요. 못해도 말할 수 있는 뻔뻔함이 필요합니다.

여행을 하다 보면, 누구나 자연스럽게 영어가 는답니다. 요즘은 다들 물어봐요. "영어 잘한다. 어디서 배웠어?" 그러면 저는 항상 대답하죠.

"on the road(길 위에서)!"

2. 혼자 떠났는데 사진은 누가 찍어준 건가요?

여행을 다니면, 특히 혼자 여행을 다니면 정말 수많은 여행자나 현지인 친구를 만납니다. 거기다 저는 유럽 지역에서 카우치 서핑을 이용했기 때문에 항상 찍어줄 사람이 있었어요. 다른 지역에서는 같은 숙소에 머무는 여행자 친구가 찍어주거나 혼자 나갔을 때는 여행자로 보이는 사람이나 혹은 인상이 좋아 보이는 현지인(주로 할머니, 가족 단위)들에게 부탁했습니다. 가끔 삼각대를 이용하기도 했어요.

3. 141일간 350만 원이라니, 항공권만 해도 350만 원이 넘을 것 같은데 그게 가능한가요?

제가 가장 절약한 부분은 항공료, 숙박비, 교통비입니다. 항공권은 9번 저가항공을 이용해 총 104만 원에 구입했어요. 매일매일 저가항공사를 들락날락하는 취미를 가져보세요. 프로모션이 뜬다면 그만큼 행복한 일이 없어요. 그리고 숙박비는 물가가 저렴한 지역에서는 5000원 미만의 숙소에 머물렀습니다. 대부분 숙소 방문에 자물쇠가 있기에 위험성은 적지만 위생 부분은 장담할 수 없습니다. 그래서 저는 침낭 라이너를 들고 가서 위생을 지켰습니다. 물가가 저렴한 나라에서는 간혹 1000~2000원짜리 도미토리 숙소에도 머물기도 합니다. 물을 틀면 해수가 나오는 곳도 있으니 예민하시다면 돈을 조금 더 주고 좋은 숙소에 머무는 편이 낫습니다. 식비는 저렴한 로컬 음식으로 때웠습니다. 이집트나 인도처럼 여행자에게 사기를 많이 치는 나라에서는 밥값을 표기된 가격의 5분의 1까지 깎아서 먹었던 적도 있어요. 메뉴판 가격을 믿지 마세요. 현지인이 얼마를 지불하는지 꼭 지켜보세요. 사전에 물가를 조사하는 건 필수입니다. 그리고 흥정 또한 필수입니다. 실제로 한 블로그를 참조하고 나서 다른 사람이 하루에 16만 원을 내고 머문 나일강 5성급 크루즈를 직접 가서 2만 원에 머물렀어요.

항공이용

대한민국(인천) ···› 말레이시아(쿠알라룸프르) 12만 원 AirAsia

말레이시아(쿠알라룸프르) ···› 인도(코친) 7만 원 AirAsia

인도(첸나이) ···› 모로코(카사블랑카) 15만 원+3만 원 (일정변경가능 추가) Saudi Arabia Airline

모로코(페즈) ···› 스페인(바르셀로나) 5만 원 Vueling Airlines

스페인(바르셀로나) ···› 프랑스(파리) 3만 원 Ryan Air

프랑스(파리) ···› 이탈리아(베니스) 5만 원 Ryan Air

이탈리아(밀라노) ···› 이집트(샴엘세이크) 8만 원 Easy jet

이집트(카이로) ···› 태국(수완나품) 30만 원 Qatar Airways

태국(수완나품) ···› 대한민국(인천) 16만 원 Jeju Air

* 저가항공사를 메일로 알람 받기를 해서 프로모션이 뜰 때마다 체크하는 것이 좋고, 저가항공사 전체를 검색해주는 '스카이스캐너Skyscanner'앱으로 매일 저렴한 항공권을 체크하며 다니면 보다 저렴하게 항공권을 구입할 수 있습니다.

* 수화물 추가 비용은 0원. 배낭을 항상 7킬로그램 내외로 맞추어 다녀 핸드캐리로 반입하여 다녔습니다.

* 날짜에 나를 맞추지 말고 가격에 날짜를 맞추세요!

말레이시아 & 인도 & 모로코 경비 정리(중간 정산)

현지인과 소통하는 여행이 목적이었기 때문에 많은 유적지 등을 방문하지 않아서 입장료로 경비를 많이 사용하지 않았습니다.

가계부 예시

- 말레이시아 3박 4일 12만 원
- 인도 약 두 달 기준 90만 원
- 모로코 한 달 50만 원

인도나 모로코나 한국처럼 생활하면 똑같이 돈이 더 듭니다.
괜찮은 숙소나 음식점 가격이 아니라 제가 이용한 곳만 정리했습니다.
순전 배낭여행 기준 물가만 정리했어요!
한국 와서 찜질방에서 자고 김밥 먹고 다니면 돈 별로 안 쓰는 것처럼 말이에요.
하지만 가능하다면 더 넉넉한 경비로 많은 경험을 하시는 걸 추천합니다.

인도

숙소비

싱글룸 기준 하루 100~400루피(100루피 : 약 1655원), 평균 250루피 정도 잡았어요. 동행을 구해 방을 나누어 쓰면 더 절약할 수 있습니다. 남인도는 주로 300~400루피지만 북쪽으로 갈수록 저렴해집니다. 저렴한 인도 숙소를 이용하시려면 꼭 침낭을 챙겨와야 해요. 침대 시트도 안 빨아주는 곳이 많습니다. 저는 발품과 흥정으로 저렴하게 머물렀습니다. (195루피에 아침, 저녁, 짜이티 두 번 주는 곳까지 있었어요. 비록 저녁 식사로 커다란 벌레가 담긴 라면을 먹긴 했지만.)

숙소의 모습은 보통 이렇습니다.

• 도미토리

• 싱글룸

식비

• 로컬 음식 10루피(약 170원)~
• 음식점 음식 150루피(약 2550원)

* 끼니당 평균 70루피(1190원)를 썼어요.

* 로컬 음식의 위생은 대부분 처참한 수준입니다. 음식이 입에 맞지 않아서 군것질만 하고 식사는 하루 한두 끼 정도로 잘 챙겨 먹지 않았어요.

교통비

단거리 버스:남인도에서는 버스, 북인도에선 릭샤, 버스 로컬 버스 가격 4루피, 에어컨 버스는 20루피(약 340원) 이상. 릭샤는 1킬로미터당 10루피(약 170원). 항상 구글 지도로 거리를 검색한 후 가격을 예상하고 흥정해서 갔어요. 대도시에서는 미터기도 이용 가능합니다.

침대 기차는 클래스가 좋은 순서대로 1AC, 2AC, 3AC, SL(슬리퍼). 저는 주로 SL 칸을 이용했습니다. 대개 배낭여행자들이 SL 칸 혹은 3AC 칸을 이용해요. 한 번씩 2AC 칸, 3AC 칸을 이용했는데 안전상으로는 3AC 칸이 좋습니다. 잡상인 출

입 금지에 에어컨도 나옵니다. 2AC 칸은 밀폐된 공간이기에 오히려 위험할 수 있겠다는 생각이 들었어요. SL 칸은 술 취한 사람이나 좀도둑이 많았어요. 동행이 있을 때 이용하는 것이 좋습니다. 벌레도 많고 타고나면 코가 새까매질 정도로 지저분해요. 가격은 클래스가 올라갈수록 두세 배씩 비싸집니다.

장거리 버스: 10시간 기준 사설 버스 1000루피(약 17000원), 로컬은 400루피(약 6800원) 정도인데, 로컬 버스는 혼자 타기엔 비추천입니다. 좁은 공간에서 앉아서 가는 건 둘째 치고 좀도둑이 들어올 가능성도 있어요.

기타

옷은 100~200루피(약 1700~3400원) 이내로 구입했습니다. 체인 커피점의 가격도 한국과 비슷해서 잘 이용하지 않았어요. 많이 마신 인도 차인 짜이는 한 잔에 7루피(약 120원), 아이스크림은 5루피(약 85원)라, 하루에 8개씩도 먹을 정도로 군것질을 즐겼습니다.

* 인도 여행경비는 사람에 따라 다양한데 한 달에 10만 원 쓰시는 분부터 한 달에 100만 원 쓰시는 여행자도 보았어요. 대부분 사람들이 경비로 하루 2~3만 원을 씁니다.

모로코

숙소비

무조건 50디르함(약 6000원) 이하로 잡아서 통일했어요. 모로코는 호객꾼이 많은데요, 이들을 잘 이용했습니다. 10디르함(약 1300원)을 건네주고 50디르함짜리 방을 찾아달라고 했습니다. 호객꾼이 없는 곳은 발품을 팔아 열 군데 이내로 들려서 흥정했습니다. 50디르함짜리 방이 있냐고 계속 물어보고 다녔습니다. 모로코는 흥정이 생명이에요!

식비

- 고기 듬뿍 들어간 샌드위치 8~15디르함(1,000~2,900원)
- 샌드위치 3~10디르함
- 모로코 크레페와 빵 1~5디르함
- 관광객 대상 레스토랑 전통음식 (따진, 쿠스쿠스) 30~40디르함
- 현지인 대상 로컬 식당 20디르함
- 커피&전통 민트 차 6~12디르함

* 물은 항상 사 먹어야 하는데 로컬 식당에선 수돗물을 줍니다.

* 고기가 싸고 맛있고 샌드위치도 정말 맛있어서 끼니를 거의 샌드위치로 때웠습니다.

교통비

기차보다 버스가 저렴하고 편해서 버스로만 이동했습니다. 4시간 기준 국영 버스 60~70디르함(약 7500~9000원) 정도인데 아주 쾌적합니다. 저렴한 버스는 40디르함(약 5000원)으로 이용했어요. 저렴한 버스는 서서 갈 수도 있어요. 택시비 또한 상당히 저렴합니다. 도시 내에서는 웬만큼 멀어도 10디르함(약 만 3천 원) 정도 나옵니다. 미터기를 잘 안 켜주려고 하니 반드시 확인하시고 탑승하세요.

사막 투어 비용

1박 2일 400디르함(약 5만 원), 2박 3일 600디르함(약 7만 5천 원)까지 흥정한 후 1박 2일을 이용했습니다.

같은 투어를 했던 서양인 친구들은 1.5 ~2배 정도의 비용을 지불했어요.

보통 가격은 2박3일 800디르함(약 10만 원) 내외입니다. 깎을 수 있어요. 모로코는 흥정이 생명!

기타

벼룩시장에서 옷을 자주 구매했습니다. 옷을 자주 사는 편인데 주로 프리마켓을 이용해요. 3~10디르함(약 400~1300원), 새 옷의 경우 기본 반팔 티 30~80디르함(약 4000~만 원).

* 모로코에선 정말 아껴서 다녔습니다. 그래서 아쉬운 부분도 있네요. 보통 배낭여행자들은 하루 3~4만 원이 가장 많았어요. 저는 15000원으로 목표를 잡아서 아낄 수 있었네요

그밖에 유럽에서는

'카우치 서핑(www.couchsurfing.org)'을 이용해서 유럽 숙박비가 무료였고, 유레일패스 대신 '카풀(www.blablacar.com)'을 이용해 도시 간 교통비를 3분의 1가량으로 줄였습니다. 다른 나라 교통도 가장 저렴한 로컬 버스나 제일 낮은 등급의 기차 칸을 이용했습니다.

입장료는 국제학생증을 만들어 갔고, 제가 미대이기 때문에 공짜 혹은 반값으로 이용할 수 있었어요. 유럽에서는 한 달에 몇 번 있는 무료입장일을 잘 노려서 갔어요.

이처럼 제 여행은 무엇을 보러 가거나, 무엇을 체험하는 것보다는 그저 거리를 걷고 거리의 사람들과 이야기하는 것에 초점을 맞춘 여행이었기에 돈이 덜 들었던 것이 아닐까 싶습니다. 돈이 없었기에 하고 싶었던 것을 많이 하지는 못했어요. 이집트 다합에서 스킨스쿠버도 못하고 유럽에서 뮤지컬도 보지 못했지만, 사람을 느끼고 사람을 사랑할 수 있던 여행이었기에 저에게는 천만금이 들어간 여행보다 값진 여행이었습니다.

저는 어쩔 수 없는 상황이었기에 적은 돈을 들고 간 것이지만 더 많은 경비를 모아서 간다면 분명 더 많은 것을 볼 수 있으리라 장담합니다. 모든 구체적인 경비는 제 개인 SNS에 적어 올려놓았습니다.

4. 무작정 계획 없이 떠난 건가요?

여행에 대한 꿈은 학창 시절부터 있었습니다. 특히 인도는 4년가량 인도 정보 카페를 들락날락하고 여행기들을 읽으며 웬만한 정보를 다 파악했습니다. 제가 가이드북 그 자체였어요. 여행지에 대한 파악이 정확히 되어 있었기에 제 일정을 자유롭게 조절할 수 있었을 뿐입니다. 세부적인 일정이 없어서 원하는 곳으로 아무 때나 떠난 것이지 대책 없는 상태로 간 것이 아닙니다. 여행지에 관한 철저한 공부는 반드시 명심해야 할 필수 사항입니다. 최소 그 나라에 도착하기 일주일 전부터 나만의 가이드북을 만들어 다녔습니다.

나라별로 '기본 물가, 기본 회화, 사기 유형, 꼭 가봐야 할 곳, 도시별 비상 숙소' 정도는 와이파이가 될 때마다 정보 검색을 해서 수첩에 정리해서 다녔습니다. 그러니 대책 없이 떠나면 안 된다는 말씀입니다. 혼자 여행을 떠난다면 본인의 안전을 위해서라도 확실히 공부해야 합니다.

'5불당'(다음 카페)

'유랑'(유럽지역 관련 네이버 카페)

『배낭여행 싸싸싸』(카우치 서핑과 카풀 정보 관련 도서)

'태사랑'(동남아 관련 네이버 카페)

'인도 여행을 그리며'(인도 관련 네이버 카페)

등 여러 여행 커뮤니티를 참고해 생생한 여행 정보를 수집해 두면 좋습니다.

5. 혼자서 떠나는 것이 무섭진 않았나요?

저는 지구 최강의 겁쟁이라 떠나는 공항에서 세 시간을 내리 울었습니다. 초반에는 겁이 나서 과도까지 가지고 다닐 정도였지만 어디든 사람 사는 곳입니다. 그 말인즉슨 어디든 좋은 사람이 있고 어디든 나쁜 사람이 존재한다는 것입니다. 그 안전하다는 우리나라에서도 납치를 당하고 죽기도 합니다. 그러니 안전한 여행지, 안전하지 않은 여행지 구분하지 말고 항상 조심하며 경계하며 다닙시다. 하지만 이집트의 카이로, 인도의 델리, 프랑스 파리 등 대도시들은 보다 조심에 조심을 기해야 할 것입니다.
자신만의 여행 수칙을 만들며 다니세요. 저 역시 가급적 지키려고 노력했지만 여행 초반엔 지키지 못해 길을 잃었던 적도 있었어요. 지금 생각해보면 아찔했던 적도 많았고요. 그러니 주의하셔서 안전한 여행하길 바랍니다.

(1) 늦은 밤 혼자서 돌아다니거나 연고도 없는 곳에서 술을 마시거나 지나가는 사람이 준 음식을 의심 없이 받아먹는 행위는 금물
저도 집에 초대받은 적이 있지만 신뢰가 쌓인 상태에서 숙소 주인이나 동네 분들에게 검증받은 후 다른 여행자 친구와 함께 방문하고는 했습니다. 다른 곳에 갈 때는 행적지를 꼭 알리고 다닙시다. 잘하면 결혼식 초대 등 잊지 못할 추억을 만들 수 있어요.

(2) 영어권 국가가 아닌데 누가 유창한 영어로 나에게 먼저 말을 걸면 경계하고 보자
세상에는 아름다운 마음으로 다가오는 사람도 많지만 그래도 주의해야 합니다. 내가 먼저 다가가는 사람이 좋은 사람일 가능성이 더 큽니다. 특히, 영어를 잘하는 사람은 사기를 치려고 영어를 습득한 사람일 가능성이 있습니다. 유럽에서는 길가에서 남자들이 제게 예쁘다거나 아름답다며 집적거리는 경우가 많았는데 다들 눈빛부터 음흉했어요. 분명 모든 여자에게 그럴 것임이 분명해요. 저는 도망쳐서 한국인으로 보이는 사람들에게 말을 걸었습니다. 하지만 지나친 경계도 금물입니다. 저는 소매치기를 당한 후, 알고 보면 좋은 사람들까지 경계하느라 상처를 주기도 했어요. 다른 사람에게 상처를 주지는 마세요.

(3) 그 나라의 문화와 종교 수칙을 알고 가자

'로마에서는 로마법을 따르라.' 그 나라에서 하면 안 되는 제스처나 행동을 하는 건 금물입니다. 자랑스러운 한국 여행자가 되도록 해요. 종교와 문화를 아는 것은 그 나라에 대한 예의를 지키는 것이기도 하지만 여행자 본인을 위한 것이기도 합니다. 종교에 따라 지켜야 할 옷차림은 필수이겠지요? 사원에 들어갈 때는 히잡을 쓴다거나, 이슬람교 지역에서는 긴 팔에 긴 바지를 입어야 한다든가, 사전 조사를 꼭 하고 갑시다. 기본 회화도 알아간다면 현지인에게 보다 따뜻한 환대를 받을 수 있습니다.

(4) 억울한 일을 당하면 경찰서로 가자

성추행을 당하거나, 바가지를 쓰거나, 억울한 일을 당했을 때 절대 그냥 넘어가면 안 됩니다. 우리가 그냥 넘어간다면 분명 나쁜 사람은 다른 여행자에게도 그런 짓을 할 것이 분명하기 때문입니다. 먼저 따져보고, 주변에 도움을 구하고, 그래도 해결이 안 된다면 경찰서로 갑시다. 저 역시 경찰서를 세 번이나 다녀왔네요. '이 사람 때문에 너네 나라가 싫어지려 해, 한국에 돌아가면 언론에 알릴 거야'라고 불만을 토로한다면 분명 도와줄 것입니다.

(5) 자물쇠를 종류별로 가지고 다니자

보조 가방용 자물쇠, 배낭 잠금용 자물쇠, 그리고 와이어 자물쇠까지 챙겨서 이동하거나 숙소에 머물 때 배낭을 잠그고 또 잠근 배낭을 기둥에 묶어둡니다. 실제로 이동 중 잠시 화장실을 다녀온 사이에 한 꼬마가 제 배낭을 가지고 가려고 했었는데 기둥에 묶어놓은 덕분에 꼬마는 실패했습니다. 잘 때나 숙소에서 나갈 때, 방문을 잠글 때도 자물쇠가 필요합니다.

6. 여행 준비 중입니다. 떠나기 전 팁을 주세요!

여행자 보험, 여권 복사본, 비자 문제, 나라별 지켜야 할 옷차림, 예방접종 등 모든 것을 알아보고 배낭여행에 대한 지식이 충분한 상태에서 떠나는 것이 혼자 하는 여행에서 필수입니다. 가이드북을 꼭 들고 가지 않아도 좋지만 여러 가지 책을 읽어 보고 여러 나라를 방문하는 경우에는 블로그나 카페, 대사관 사이트 등을 반드시 참조하며 다니세요. 나만의 가이드북을 꼭 만드세요. 외교부 해외여행 안전 사이트 '동행'에 가입하는 것도 필수입니다.

7. 배낭 속이 궁금해요.

아래 사진은 실제 여행 전 촬영한 제 배낭 속입니다. 수화물 추가 비용을 내지 않기 위해 7킬로그램 내외로 늘 맞춰 다녔습니다. 옷가지는 최대한 적게, 생리용품은 현지 구매, 속옷 대신 스포츠 속옷, 배낭의 무게는 전생 업보의 무게라던데, 최대한 적게 담아오세요! 배낭의 3분의 4 정도만 채워 다니고 돌아올 때는 꽉꽉 채워오는 것도 방법입니다.

1. 옷(속옷, 바라 탑, 면 원피스, 민소매 4개, 티셔츠 1개, 냉장고 바지), 여분 압축팩　2. 각종 서류들(루피화, 여권, 여권 사본, 여권 사진, 체크카드 1개, 신용카드 2개, 항공권, 나만의 가이드북)　3. 부루마블　4. 보조가방(맥가이버 칼, 목걸이 지갑, 호루라기. 플래시)　5. 스마트 방수팩, 지퍼팩, 비닐가방　6. 멀티탭, 변압기, 디카, MP3, 각종 충전기, USB, 아이패드, 블루투스 키보드　7. 에어 베개　8. 와셔 팩　9. 수건, 고무줄, 운동화 끈, 와이어 자물쇠, 자물쇠 2개　10. 세탁망 2개, 화장품

○ 2020 시내가 추천하는 배낭여행 용품

- 다이소 캠핑 방석: 천 원밖에 안 하는 이 요물단지는 기차나 버스를 기다릴 때, 주로 길바닥에서 기다릴 때가 많아서 유용합니다. 그리고 비가 올 때 사진처럼 우산 대신 쓸 수도 있습니다.

- 대용량 라면 수프: 인터넷에서 300그램짜리 대용량 라면 수프가 2000원대에 판매되고 있습니다. 현지 라면을 사서 넣어도 되고, 죽으로 먹어도 일품입니다. 추운 지역에서는 사람들이 제 라면 수프 국물을 얻기 위해 줄을 서기도 했답니다.
- 돼지 꼬리 히터, 등산용 컵: 뜨거운 물을 언제든지 쉽게 끓일 수 있기 때문에 필수 아이템입니다. 무게도 얼마 나가지 않아요. 인도 빠하르 간지Pahar Ganj에서는 돼지 꼬리 히터를 1500원 정도에 구할 수 있습니다. 등산용 컵은 다이소에 있는 천 원짜리 스테인리스 등산용 컵을 추천드려요.

- 누룽지: 뜨거운 물만 넣으면 구수한 숭늉이 될 수 있는 데다가 가볍기까지 해서 들고 다니면 쉽게 인기 만점이 될 수 있습니다. 저도 평소 누리지 못했던 인기를 누룽지 덕택에 많이 누렸어요.
- 소용량 베이비파우더: 여행 중에 땀이 많이 나는 곳에 발라주면 땀도 안 나고 머리를 감지 못할 때 유용합니다. 뽀송한 머리칼로 만들어줘요. 저는 수자원을 소중히 생각하기 때문에 머리를 가끔 감아서, 베이비파우더를 꼭 챙겨 다녔어요.
- 침낭 라이너: 사실 추운 지역에 가더라도 게스트 하우스에 보온용품은 다 있습니다. 보통 침낭을 들고 가는 이유가 침대 위생 때문인 경우가 많은데, 침낭 대신 라이너를 챙겨가면 3분의 1 무게로 위생 걱정을 덜 수 있습니다.

○ EPILOGUE

한동안은 모든 것들이 어려웠다. 나를 남에게 드러내는 모습에 집착했고, 행복해 보이려는 발악은 나를 우울의 구렁텅이로 내몰았다. 가짜 미소가 익숙했다. 울고 싶어도 눈물이 흐르지 않았다. 머릿속에 떠도는 수많은 말들을 삼키고, 음식을 입안에 쑤셔 놓고 애써 맛있다고 느꼈다. 수많은 생각들을 버리느라 분주해서 잠에 들지 못하고, 늦은 밤의 어둠이 마치 헤어 나올 수 없는 터널 속과도 같아 불을 켰다. 너무도 많은 생각들이 허공에 떠돌아서 앞을 제대로 볼 수가 없었다. 세상에서 가장 아름다운 이야기가 실털처럼 들려왔다. 누구나 종종 이런 감정을 느끼는 건지, 그들은 어떻게 버텨가는지가 궁금했다.

그렇게 나는 지난해 말쯤 다시 여행을 떠났고, 이제는 혼자가 아닌 함께가 됐다. 연약한 속살은 여린 손결들에 맡겨졌다. 배낭을 메고, 허름한 옷을 입고, 다음 목적지가 어디인지도 모른다. 인도와 네팔을 거쳐 태국의 코 따오Ko Tao라는 작은 섬에 머무르고 있다. 두 달짜리 여행은 한국에 언제 귀국할지 모르는 기약 없는 여행이 되어버렸다. 무모한 여행을 다시 할 수 없을 것 같다고 생각했었는데, 이미 한국행 비행기 표를 네 번이나 찢었다. 이렇게 온전한 나의 여행은 정말 오랜만이다. 다시 방랑자가 되었다. 한국의 모든 일들을 정리하고 다시 나에게 집중하기로 마음먹었다. 큰 용기가 필요했다. 내려놓아야 할 것들이 너무 많았다.

다시 떠나온 길 위에서 나는 여전히 수많은 사람들을 만나고, 사랑하고, 헤어진다.

첫 여행을 곱씹으며 길을 나선다. 단단한 껍질이 막아내었던 수많은 감정들이 다시금 오가기 시작한다. 운명 같은 사람들이 여행길에 내려왔다. 나는 잃었던 눈물을 다시 찾게 되었고, 계산 없는 웃음을 짓게 되고, 줄어드는 통장 잔고를 걱정하고, 사랑에 빠지고, 사랑에 데여 아파한다. 물렁하게 해진 마음이 받아들이는 모든 감정들에 솔직해진다.

여행은, 모든 배경을 내려놓고 온전한 나를 보일 수 있는 용기를 갖게 해주었다.

사람은, 그럼에도 불구하고 내가 살아감에 힘을 주는 존재인 것을 알게 해주었다.

사랑은, 내가 살아있는 존재임을 알게 해주었다.

다시 한국에 돌아가면 언제나 다시금 마음이 아파지는 순간들이 올 것이라고 생각한다. 그럴 때면 나는 다시 이 책을 꺼내어, 벽을 깨었던 첫 여행을 떠올릴 것이다. 그리고 다시 배낭을 메고 걸음을 옮길 것이다. 그리고 다시 오늘을 살아갈 것이다. 모든 순간을 감사히 여길 것이다. 그리고 언제나 사람들을 사랑하며 살아갈 것이다.

그렇게 나는 영원한 여행자가 될 것이다.

2020년 3월 태국 코 따오에서

나는 때로는 이런 멋진 편지를 받기도 했다.

시내야, 너는 나를 강하게 만들어준 사람이야.

너는 스스로를 약하다고 하지만 결코 그렇지 않아.

너는 지금 너 자신을 찾아가는 중이고,

네가 강하다는 걸 나는 알고 있어.

나처럼 약한 사람을 강하게 만들 수 있는 사람이니까.

지금 지나가는 순간들이 너를 아프게 할 수도 있지만,

너는 결국 더 멋진 사람이 될 거야.

약해졌다고 말해줘서 고마워.

행복하다고 말해줘서 고마워.

너를 보여줘서 고마워.

너의 모든 점을 사랑해.

네가 내 친구인 건, 내 인생 최고의 행운이야.

2020년 2월의 어느 날

내 인생 최고의 여행인 인도 고아에서 너를 사랑하는 채빈이가.